环境艺术设计方法论

METHODOLOGY OF ENVIRONMENTAL ART DESIGN

李逸斐 著

U0342936

江苏凤凰美术出版社

图书在版编目（CIP）数据

环境艺术设计方法论 / 李逸斐著. -- 南京：江苏
凤凰美术出版社，2023.9
ISBN 978-7-5741-1242-1

Ⅰ.①环… Ⅱ.①李… Ⅲ.①环境设计 – 研究 Ⅳ.
①TU-856

中国国家版本馆CIP数据核字（2023）第150514号

责 任 编 辑　孙剑博
责任设计编辑　王左佐
责 任 校 对　唐　凡
责 任 监 印　唐　虎

书　　　名	环境艺术设计方法论
著　　　者	李逸斐
出版发行	江苏凤凰美术出版社（南京市湖南路1号　邮编：210009）
制　　版	南京新华丰制版有限公司
印　　刷	盐城志坤印刷有限公司
开　　本	718mm×1000mm　1/16
印　　张	15.25
版　　次	2023年9月第1版　2023年9月第1次印刷
标准书号	ISBN 978-7-5741-1242-1
定　　价	98.00元

营销部电话　025-68155675　营销部地址　南京市湖南路1号
江苏凤凰美术出版社图书凡印装错误可向承印厂调换

目 录

目　录

导　言

　　我们通常认为大学教育的一般功能是传授知识，每个人都享有良好教育和学术自由的权力。按照洪堡的现代大学教育理念，大学教育的核心价值观是人格养成和人的全面发展。而大学教育的最高境界是启迪人的智慧，如何启迪？这里面涉及"方法论"。对于设计教育而言，问题导向和创新思维，是设计方法论的课程要义。传授设计知识和技能技巧是拷贝，一般的高校大都做了这方面工作；难能可贵的是启迪学生的设计智慧，这里面蕴含着"设计方法论"的真谛。

　　当然，我们还可以进一步认为设计教育还是培养一种无形的内在气质和品格调性，从中学会掌握"直指人心"的优秀设计的方法与路径。更有诸如顶尖设计院校克兰布鲁克学院（Cranbrook Academy of Art）直接声明，我们不教技能技巧，我们只教"设计哲学"。甚至，还有时尚设计教育的"天花板"学校中央圣马丁学院（Central Saint Martins）的女院长公然声称，我们只教会大家一种生活方法。所有这些，都蕴含着观念思考与设计方法。

　　早在2011年，高等教育出版社就出版了由柳冠中先生著述的《设计方法论》一书，不管是作为设计理论著作，还是作为设计课程教材，该著作都是目前国内大学本科和研究生教学中开设"设计方法论"课程重要的参考资料。设计活动的本质是由人的创造性本质和人的需求理论所决定的，我们通常会说设计活动的展开，要从概念文本和创新设计思维入手，来分析设计项目的源与流、研究认识设计所面对具体事务的复杂性，并由设计之"物"思考所谓的设计之"事"，进而就有了柳冠中先生著名的"设计事理学"理论，这其实是柳冠中先生"设计方法论"研究的理论核心，从而获得设计知识与经验，并贯彻于设计方法与实践。

　　我们不停地说"设计"伴随着工业化大生产，成为一门独立的专业和行业以来，一直处于一个比较边缘的位置，直到20世纪后期设计学科强调交叉与融合，几近成为现代技术科学与艺术领域的显学。"设计"已经成为与科学、技术、艺术、文化、管理、社会等概念产生紧密联系的学科。但是，业已形成的设计与设计教育，受制于思维模式的惯性，在设计教学中更多地依赖于经验和直觉，使得设计更倾向于形式领域的追求与研究。所以，对于"设计"的认知出现了两种基本态度：一种认为"设计"讲调性，是经验性的，难以绝对定性定量地传授；另一种认为"设计"是一门技术科学，可以通过理性分析、研究、推理等方法，分析设计的功能要求而解决设计的本质问题。这就使得"设计方法论"问题被提了出来，希望设计学生和设计师能够从思维触角选择设计方法的"方法"。按照已有的相关教材的阐述，所谓"设计方法论"的目的：是"寻路"带领我们认识"事物"的观念、方法，"入门"如何构建"新事物"的概念、方法；作为"脉络"必须与其他设计课程互为补充，以形成整个教学体系的"框架结构"。

"设计方法论"实际上是围绕设计实务"问题"的思维程序展开的，并不是单纯的设计创意概念文本。因此，设计方法论课程教学就具备了理论与实践并重的性质。所谓"问题导向"，是本书力图重点思考设计方法论的逻辑起点，整合和分析面对设计任务各要素交织所产生的相互关系与矛盾。任何有创造性的设计都是以解决现实问题的方式来改变的，期待设计学生通过灵活运用已经掌握的基础知识、技能技巧、造型经验，分析设计任务的主客观条件，总结设计规律的运行走向，通过观察设计任务的原初设想、现实困难、最佳解决方案，在创造性提出设计任务规划图景的过程中，掌握设计"评价"和"判断"的能力，体现设计师的文化态度、文化立场和设计价值观。尤其是面对设计方案反映的态度、立场和价值观，就是设计如何讲好中国故事的最佳体现。这种以设计目标为导向，以"目标"实现"外部因素"为"结构"，以建立"目标系统"为"定位""评价"的依据，进行选择、组织、整合，最终形成"设计方案"。所以，设计方法论课程设置的初衷，就是要求设计学生能够融通多学科知识，升华创意，以及运用问题导向的理性思维来整合设计元素，用人文和艺术感受注入设计的精神品质，使设计构想和思维脉络落地生根。

"设计方法论"强调"创新思维"。虽然，创新思维有其自身的学理逻辑，但是所谓"创新思维"，既是设计的方法，也是设计的思维方式。创新通常指的是"以现有的思维模式提出有别于常规或常人思路的见解为导向，利用现有的知识和物质，在特定的环境中，本着理想化需要或为满足社会需求，而改进或创造新的事物、方法、元素、路径、环境，并能获得一定有益效果的行为"。所谓设计创新，就是在承担新的设计任务之时，要求设计师采取新的观念和方法，对与设计相关的材料、工艺、功能和在地文化，进行新的组合。设计创新作为动态的工程化行动，它是受观念和理论所支配的，需要有一套创新思维设计的方法和工具，使得创新的理论和观念可以直接落地。区别于国内同类书籍，以问题导向为切入点，列举出设计教学中的大量实务案例、借鉴模板、设计工具，对于寻找优秀的出图设计方案将大有裨益。[1]

环境艺术设计作为中国式的专业分类方法，融合了科学、工程、技术、建筑、设计和艺术等多门学科，包含了广泛和多元的研究对象与方法。特别是环境空间艺术设计与人的生活方式有着非常紧密的联系，地域与文脉又起着决定性作用。目前，国内艺术类院校中的环艺设计课程，大多聚焦于设计方案结果的形式、功能、市场等客体物质表象，而关于设计的在地环境、历史文脉、生态景观、社会问题的思考及考察方法不仅在设计实践领域，而且在整个教学环节当中都是缺失的。相比起"为何要设计""设计什么东西""如何做设计"等问题的回答少之又少。或许，本质上是由计算机辅助设计的强大数据库、设计技术软件的开发更新和不断增长的设计产业化快速需求，以及便于以完成一个商业项目的快餐化设计对设计领域的影响而造成的。当经济全球化发展到顶点，甚至有逆转的趋势下，环境艺术设计不得不尊重在地文化的多样性，设计方法论的架构和范式研究事关未来设计实践的发展，设计方法也必将发生重大变化。因此，有必要在进入相关高层级专业设计实践前，在前序课程和后续课程之间，开设一门关于设计方法论的课程教学实践。

注释

［1］柳冠中，尹定邦.设计方法论 [M]. 北京：高等教育出版社，2011.

第一章 作为理论建构的设计方法论

设计作为高校设置最为广泛的专业之一，经过近四十年的建设，已经初步建立起一套有中国特色的设计教育体系，相关的课程在学习与拿来的基础上，也在不断完善与建设之中。但是，各门类设计专业课程与课程如何衔接？相关设计课程究竟应该教什么？如何教？特别是设计教育界提出"教学改革要从课程改革做起"的呼声此起彼伏，问题导向式教学的"设计方法论"被一次次提出。如何回答"为何要设计""设计什么东西""如何做设计"等问题困扰着课程教师和设计学生。因此，开设一门科学的、合理的设计方法论课程，成为各设计专业教与学两个方面刚性需求。

第一节
从"技"到"艺"再到"设计"

　　设计与设计活动，在现代学术语境中，是一个十分古老而又年轻、内容极其宽泛的话题。"原始人从打磨石器、狩猎当中体会到了人的本质力量。所以我们讲，艺术的起源和人类的起源是紧密结合在一起的。人类的欲求、思维、情感、想象和其他活动与艺术起源共同成长。"[1]当原始人将这块石头砸向另一块石头的时候，设计的萌芽已经诞生了，所以说设计是一门古老的学问。无论是西方设计界，还是东方学术界，在浩瀚的历史典籍中都有大量论述古代造物、工艺和我们谓之设计的文字存在，说明围绕"设计"而探讨的历史非常悠久。说其年轻，真正以批量化生产为标志的设计，则是工业革命以后的产物，赋予批量产品、工艺技术、使用功能和艺术之美的综合认识。从而，将技术美上升到物质和精神领域，明确设计产品必须彰显功能意义、设计潮流和社会伦理所具有的真正现代审美含义。

　　1. 由"技"到"艺"，设计反映了人类创造性活动的实践发展过程。从古代手工造物到"艺术"，再到今天广泛热议的"设计"，设计与艺术事实上存在着密不可分的孪生关系，设计是人类面向现实世界主观见之于客观的创造性活动。从词源学上解释，东西方文化艺术史都有"六艺""七艺"之说，这里的"艺"，除了中国人讲的"乐"和西方人说的"修辞"外，和我们今天所讲的艺术其实并没有多大关联。中国先秦思想家们所说的"六艺"，即所谓"礼、乐、射、御、书、数"，泛指日常教育体系中的六种技能。具体所指即是为人所需的礼节、音乐、射骑技术、驾驭马车的技术，以及书法和算术。"六艺"中的礼、乐、射、御，堪称"大艺"。因为人无礼不立，"乐"更是大道，是人格修炼的至高境界。书与数则被称为"小艺"，是民生日常生活之所需。而古希腊人所说的"七艺"，即是"逻辑、语法、修辞、数学、几何、天文、音乐"。偏重抽象思维，唯有修辞和音乐与情感教育有关。柏拉图又依照"以体操锻炼身体，以音乐陶冶心灵"的原则，把学科区分为初级和高级两类，初级科目中的音乐，除通常意义上的音乐和舞蹈外，居然包含阅读、书写、算术等科目。而高级科目也涵盖了算术、几何学和音乐。在这里非常有意思的是东西方先哲们都将"音乐"包含在"艺"之中，而且都将"音乐"上升到人全面素养培养的高度。

2. 所谓的"艺术"，在中国古代典籍中被描述为"任何技艺"。在西方的学术词典中，一开始对"艺术"一词的界定较为含混，而古代拉丁语中有一个被称为 Ars 的词，则类似于希腊语中的"技艺"。这里所指的"技艺"似乎指的是木工、铁工、外科手术等类别的专门手工技艺和技能。从中我们大概可以了解到，在古希腊罗马人理解的词汇中，对技艺并没有不同理解，而是我们现代人理解的艺术概念。关于艺术，无论在中国，还是在西方，词源溯源都有相似的指令与界定。在身份地位的划分上，从事艺术之人，基本上与手工艺人和工匠同类，这似乎又和今天所讲的手工艺和设计能够找到关联。英国表现论艺术理论家、哲学家科林伍德（1889—1943）就认为，真正的艺术概念"一直到了17世纪，美学问题和美学概念才开始从关于技巧的概念或关于技艺的哲学中分离出来"[2]。随着社会分工和人类文化的进步，艺术和设计成了追随不同终极目的的两个相互独立的活动体系。《朗文现代英语词典》第47页对艺术（Art）的英文解释较为抽象："创造或表达美的或真的东西，特别是以视觉方式表达，例如：绘画。"《柯林斯柯比德基础英语词典》说艺术是"绘画、雕塑的创作，这些被认为美的或表述某个观点的创作"，这一解释则较为具体。而权威的中文《辞海》解释就直接和明了得多，它说所谓"艺术"："就是通过塑造形象具体地反映社会生活，表现作者思想感情的一种社会意识形态"。艺术是"人类以情感和想象力为特征的把握和反映世界的一种特殊方式"。而刘勰在《文心雕龙》中说："为情而造文。"罗丹更直截了当地指出："艺术就是感情。"这说明艺术是人类重要的情感交流活动。艺术家自从工匠身份中分离出来以后，被赋予了创造精神性产品的高贵品质，不论是主流意识形态的宏大叙事艺术，还是所谓形式主义本体形态的纯粹艺术，都是艺术家的精神性创造现象，绝非物质性生产行为。所以，在塑造艺术形象时必然和个人情感活动紧密地联系在一起，在进行艺术活动时个人情感必然贯穿于创作的始终，从而获得审美愉悦。

　　"艺术和设计从历史的溯源看本是同源，都是造物文化的分合离散所致。"由此而论，它们之间存在着亲密关系是不言而喻的。追根溯源，艺术从技艺中分离，走上了独立发展道路，艺术成为利用物质为载体的精神文化创造行为，成为艺术家反映时代风貌和个人感情外化的创造载体。虽然，艺术一词在其原创时期与物质生产纠缠在一起，但一经走上独立发展的道路，它就成了极具社会属性的精神文化现象。艺术的精神社会性表明，"艺术家作为个体的人是人类社会群体结构中的单一独特因子。一方面，个人感情的表达或多或少地受到存在环境（文化的、制度的）的影响和制约；另一方面，艺术家对其存在环境又具有或对抗或反抗或顺从的属性。虽然，艺术创作也有集体行为，但艺术更注重个性的发挥和个人风格的养成。所谓'我手写我心''心匠自得为高'，皆为艺术的个性所致，不论是为观众与听众创作，还是只为自己，'艺术是我'，'我'都融入其中，'我'是艺术的主心骨"[3]。

　　3. 设计词汇的出现，促使人们不停追问：什么是设计？西方工业革命以后，人类造物文化中又多了一个叫作设计（design）的词汇，设计成为一个既有丰富语义的名词，又包含内容广泛的活动过程的动词。然而，国内最具权威性的早期《辞海》中却没有"设计"词条。设计作为人类创造性活动，是马克思关于"人的本质力量的对象化"哲学性语言最有力解读。《现代汉语词典》对设计做出的解释是："在正式做某项工作以前，根据一定的目的要求，预先制定方法、图样等。"[4]事实上这样的解释过于简单。区别于传统手工艺，笼统地讲，所谓设计，是指现代工业批量生产条件下，把产品的功能、使用时的舒适和外观的美化有机地、和谐地结合起来的设计行为和设计产品。

然而，关于设计的定义，还远没有说清楚。在教育部公布的专业目录中，在设计专业名词前加了"艺术"二字作为前叠，似乎是强调了"艺术设计"属于艺术专业。虽然，都强调技术与艺术、功能与形式的结合，但隶属于机械工程专业的"工业设计"（industrial design），又似乎强调了设计的工程性质。而在"艺术设计"大口径下，还衍生出一个和"工业设计"相类似的"产品设计"专业，侧重的是产品的造型设计。在一般大学教育中隶属于艺术门类的设计教学，客观上导致设计专业更多地关注视觉领域的设计，更有些教学定位以培养美术家的途径与方法培养设计师。从而，矫枉过正地形成了设计教育界"泛技术化"和"泛艺术化"两种不同的观点。因此，就会有设计专家疾呼"服装不是画出来的是做出来的""房子不是画出来的是造出来的"。其实，做和造都是为了强调设计教育中的动手实践能力，为了强调设计中的某一个方面，反而将其引入了认识的歧途，将建筑设计和服装设计注重实践的品质，囿于技巧论、工艺论和艺术论的围城。艺术两字加在设计之前本身没有多少实际意义，只是为了区别于一般的技术设计，却导致概念的模糊和语义的重叠，产生许多的歧义。

4. 什么是作为学科的设计和专业的设计？围绕着广义的设计和狭义的设计，各种定义很多，困扰了设计学生。学科意义上的设计，强调的是综合性交叉和融合，它是学术管理的要求，设计的边界被扩大，对设计未来的可能性可以充满想象。究竟什么是我们正在教授的设计？专业的设计离不开需要解决设计主体问题，而且所涉内容琐碎、翔实而又具体。究竟什么是设计？所有的教科书都会说"设计"一词源自英文 design。分析设计（design）的词源学意义，确实是由词根 sign 加上前缀 de 而构成。sign 在英文中有符号、字母、迹象、痕迹、标志的意思。de 则有去掉、否定、放下、从属、混合、离开、移去、重复、强调等含义。设计（design）作为一种学术用语，其基本含义可以概括为：意图、计划、草图、素描、结构、构思和样本。所以，

　　　　　　　　　　第一章　作为理论建构的设计方法论

我们会说，所谓设计就是做某项工作前的某种构思和计划。"它是一种外界无法用眼睛看到的思考的过程、一种精神上的步骤。随之而来，则是此种构思的转化，利用适当的辅助物将它表达出来。因为构思很难单独地用语言说清楚，故必须配合草图、图画、样本或模型，将它视觉化。经由这些辅助物，设计才能得到具体的了解，例如，新汽车可经由结构及造型，使之构思具体化，而以一种可以大量生产的产品形式出现。可见，设计是一种构思与计划，以及把这种无形的构思与计划通过一定视觉化手段化为有形的产品过程，它是一个完整的系统工程，既包括促使产品产生的整个思维过程，也包括促使产品产生的整个行为过程。概括地说，那就是设计即是对未来的计划与创造。"[5]

　　或许，围绕设计而展开的探讨已经见怪不怪了，在近几年国内设计界众说纷纭的观点中，有两位学者的观点颇具说服力和影响力。柳冠中在一次演讲中通俗地为现代设计做了描述，他认为："设计是一张桌面，它由理科、工科、文科、艺术四个桌脚支撑着。"他的理论立足点是四个学科点缺一不可，支撑着桌子能够被使用的功能，而设计还是为了满足它成为桌子的可能。李超德在谈到设计学研究的边界时，也曾经对设计做出了解释："我们热衷于谈的'设计'，则是在科学发现的基础上，运用已掌握的工程技术，对其进行新的组合，并赋予物体以舒适的功能和优美形式，服务于民众，我们关注的设计学就是研究这个主体内容，而不是其他。航天飞机、潜水艇、武器装备的设计虽然有艺术设计的任务，但主要是科学和工程技术设计性质的承载，它和我们说的设计学研究任务还不能等同。"[6]尽管思考问题的角度不同，但两位学者的观点可以说是异曲而同工，比较明晰地说出了我们的设计专业所教授的设计应该是什么。围绕设计人才的训练和培养，当然要有宽阔的前瞻性学术视野，需要有综合的学科知识积淀。尽管全世界不同的设计院校，有自己不同的教学目标和人才规格要求，但设计教学的主体，仍然是以解决衣食住行等现实问题而立论，相关技能技巧训练，仍然围绕解决具体的设计任务而展开，要不然设计被虚拟地飘浮在空中，就成了无所不包的"未来城"。

在西方，从拉斯金和莫里斯的手工艺运动，到 1919 年在德国建立第一所现代设计学校"包豪斯"，直至今天信息时代追随后现代人性化设计的一百多年中，设计的最终目的是不断探索怎样满足最优化的人的需求。迄今为止，国内学术界仍然常常为什么是艺术和设计争论不休，究其原因，无外乎存在两个基本争议：其一，将设计当作艺术创作看待，混淆两者追求的不同终极目标，以设计的形式外显而概之，认为设计是造型问题，突出精神作用把设计的审美功能置于第一位，精神功能与物质功能谁占主导发生逾位。其二，将工程领域的技术要求混同于设计，使设计中的技术、技巧与工艺被夸大，掩盖设计负载的美学因素，流于设计的技术功利论，形成了设计教育中的泛艺术化与泛工艺化两种极端教育思想，从而出现互不相让的争论。其实，"技术设计旨在解决物与物的关系，产品的内部功能、结构、传动原理、组装条件等属于技术设计范畴。设计在解决物与物关系的同时，特别强调解决物与人的关系，关注产品的视觉造型、形体布局、表面装饰和色彩搭配，同时还要考虑产品对人的心理、生理的作用，对环境及人类可持续发展的影响等"[7]。

第二节
从设计实践中认识设计方法论

1. 设计师与手工艺者由于历史的继承关系，容易造成性质混同。农耕经济时代的传统手工艺，设计与制作，乃至销售是合为一体的。工业革命以后，设计与制造进行了分离，设计成为一项独立的职业。传统手工艺者创造产品

第一章　作为理论建构的设计方法论

的过程，既是设计的过程又是制作的过程，甚至是销售的过程，传统的裁缝即为一例。建立在批量生产基础上的现代设计师则不同，他们关注产品的外形、图案、装饰、色彩，关注垂直和平行文化影响和场所精神，以及关注设计物特定功能、基础结构和使用价值，设计已经是一项综合性思维的创造活动。所以，设计既不是为了寻找某种未知的规律，制定新的法则，因为那是科学家和工程师的职责；也不是某种设计方案的简单重复，它要运用已有的设计原理和法则对材料、功能进行新的组合，形成新的设计方案，使设计物与人之间产生新的联系。同时，设计师又不同于实用美工师，后者先有设计物，后有美化装饰设计行为；前者始终和产品最初的结构设计平行进行，对整个设计和产品负责，而不仅仅对产品外在的艺术性和美学问题负责。因此，不了解生产技术的设计师在当今设计实践中是无法想象的。只有设计师既不是技术工艺的奴仆，又了解技术工艺时，其个人才华与风格才可能自由表现在自己构思设计的产品中，设计方法论教学与研究的切入点，恰好贯穿于设计活动的始终。

2. 设计强调设计目的是为了人的需要，而不是产品本身。马克思认为：人与物的关系"不应当仅仅被理解为占有、拥有。人以一种全面的方式，也就是说，作为一个完整的人，占有自己的全面本质。人同世界的任何一种人的关系——视觉、听觉、味觉、触觉、思维、直观、感觉、愿望、活动、爱，总之，他的个体的一切器官……通过自己的对象性关系，即通过自己同对象的关系而占有对象。对人的现实性的占有，它同对象的关系，是人的现实性的实现"[8]。这句话虽然读起来颇有些哲学意味，但对于理解设计活动中人与物的关系，大有裨益。马克思的论述强调人对物的占有，一是本质上人对自身现实性的占有，而且是这种现实性的实现，问题的核心是人的自身，而不是使人异化为物的奴隶；二是人对物的占有，不仅仅是"赤裸裸的有用性"，如果满足于人自身的物质需求，除了物质的享用外，人还有精神需求。日常生活中的一切对象，诸如器物、服饰、住房、交通工具等，一方面可以满足功能性的物质需求；另一方面还能引起消费者的美感愉快和精神享受。也就是说，设计要使人的生活环境更"合乎人性"，使人与物的关系构筑成一种和谐的、审美的感性关系。

设计活动作为一项技术性很强的创造性活动，充满着艺术和审美的诱因，除了形式因素外，设计中的文化指向，即按照人的要求、爱好和趣味设计，也是设计师主要考虑的选项。设计的中心问题就是要促进人与物的和谐，强调设计问题必需从器物入手，设计方法论就是要围绕设计中心问题，从垂直和平行两个方面综合考量设计方案的制定、描绘和落实。所以，我们常常强调，设计师直接设计的是产品，间接设计的是人和社会，人成为研究设计的主导因素。

3. 从方法论的视角看设计问题的导入，当然要充分考虑人的要求和人在设计中的主导作用。当人类处在农耕经济时代，工具是由人直接提供的能量产生动作的。然而，工业革命以后大机器生产，产生了与人自身力量迥然不同的巨大能量。一方面当持有小能量的人面对具有巨大能量的机械时就必须考虑如何把这种机械设计成也能随人的意愿进行控制；另一方面，在大机器生产条件下设计生产的各种日用品和器物如何满足人的需要，这就必须考虑人与物的和谐关系，进而探讨人与器物、环境的适应性关系。人类在进行设计活动时，设计物的结构特点与使用者如何协调一致，新兴的人体工学为设计提供生理和心理科学的基础。与艺术创作不同，设计产品与物体，首先要使作为消费者和享用者的人，在生理、心理、物质和功能上得到满足，然后才谈得上精神上感到愉悦。俄国文艺评论家卢那察尔斯基（1875—1933）说过："如果人没有创造的自由，没有艺术的享受，他的生活就会失去乐趣……人不仅要吃得饱，还要吃得好，这是重要的；更重要的是生活日用品不仅要实用、合人民的口味，而且要使人感到愉悦……服装应当使人愉悦，家具应当使人愉悦，餐具应当使人愉悦，住宅应当使人愉悦……宏伟的艺术工业的任务……将在于：探索简单的、健康的，令人信服的愉悦原则，并将此原则

　　　　　　　　　　　第一章　作为理论建构的设计方法论

应用到比目前更加宏伟的机器工业中，应用到生活的建设中。"[9]

4.人类的一切设计行为只有符合了善的目的，才可谓"美"。然而，今天的大数据、智能化时代正改变着人与物关系的性质，人与虚拟世界复合与重叠，人与机、人与物、人与环境，又注入了新的设计内涵。如果说传统的机械动能扩展了人的肌肉力量的话，那么，大数据、智能化则扩展了人们认识世界、应对海量信息的处理能力，在重新确立人与物的关系中，在智能化时代如何促进人与物的和谐，如何提升分辨和处理信息的能力，主动把握人、机、环境关系，运用高技术的智能化处理方式和新兴科学研究成果，使得设计活动更适合于人的工作条件与环境，使人机系统的综合效能达到最高水平，这是设计方法论亟待思考的另一个问题。既然设计的核心问题是人与器物的和谐问题，科学技术的发展使人类的生产劳动从机械化趋向了大数据信息处理和智能化设计的纵深发展，这就向广泛的策略制定者、设计师、劳动者和设计成果的享用者提出了内在素质的更高要求，迫使全社会必须提高设计审美的知识修养，使所有的生产过程、劳动环境以及所有设计过程、生产程序和消费管理都要符合设计"美的规律"，进而创造出更好的设计效益。

第三节
设计过程既是价值观的体现也是方法论的贯穿

1.设计与艺术原本的渊源关系，随着社会历史演变和技术科学的发展，东西方学术视野中的设计，已经使设计既获得了使用者的功能需求，又负载着设计外在表达形式的美学性质与审美趣味。设计本身既是主观见之于客观的能动性活动，也是客观影响主观世界的创造性活动。设计既包括了设计师、设计活动、设计载体，也包括消费者、使用功能与社会评价。

作为人类造物史上新的价值观和方法论兴起的现代设计，将先进的科学技术、文化态度、文化立场、文化价值观和现代审美观念有机地结合起来，使设计活动达到科学与美学、技术与艺术、传统与文化达到高度统一。现代设计的理想就是期望造福于人类的物质创造活动，能够实现精神趣味与实用功能的协调，能够寻求"人—机（产品）—环境—社会"的和谐，最终取得整个"人机系统"思想观念和设计价值的回应。因此，我们正在教学和研究的设计，不可能是纯粹的工程技术设计，也不可能是纯粹的艺术设计，它一定是融合了科学理性与艺术感性、技术美与艺术美的创造性劳动。

然而，人们将设计视为一种实践的形态和文化的形态，赋予了它极为广泛的含义，实则超越了一般意义上对于设计和筹划的理解。因此，我们又认为：虽然，从词源学意义上已经做出了辨析，但设计这一术语在工业生产、科学技术、环境规划、美学研究等领域得到了广泛传播与应用，要给它下一个确切的、一致的定义却是很难的。要不然，世界工业设计组织也不会不断修正关于"设计"的定义。按现有的设计理论界的研究成果，设计从更广泛的意义上理解，大致包含四层基本含义：（1）人类各项生产与建设活动都需预先的设计与规划，设计是人类创造性劳动的造物手段，也是利用现有科技文明成果改变自身环境的必要手段。（2）设计是人类造物文化的新领域和新的审美形式。将技术、文化和美学因素，融汇于创造人民群众美好生活的设计中，并以其特有的方式多方面对人们施加文化影响力。（3）设计是一种新的创造性活动。设计者可将创造者在愉快侵入设计实践中获得美的提炼，消费者可以购买和享受参与审美，使接受者在得到物质满足的同时满足精神的愉悦。（4）设计的最终结果必然呈现为物化的形态。"它是人们利用工业技术手段按照审美的规律和功用规律所创造的实物世界。在工业化时代迪扎因渗入了生活所有领域，从汤勺、小汽车到大城市都无不是迪扎因的物化。在这层意义上，迪扎因几乎与文化或文明同义。"[10]

　　　　　　　　第一章　作为理论建构的设计方法论

2. 我们处在一个大设计的时代，每天都与设计产生着紧密联系，可以说设计是精神文明和物质文明建设的新交汇点。设计无处不在，人的生活方式虽然并不以物态化的形式出现，但仍然可以看作设计成果。由此可见，设计具有多种含义和多种形态，概括了人们日常生活中新的社会活动全过程。设计不能脱离实用功利、物质生产、物质消费，是寓精神于物质的社会文化活动。设计与艺术一样，也有着诉诸视觉的审美观照，在满足物质享受的同时，又带来精神愉悦。因此，设计从本质意义上理解，是对于人类生存方式的设计，它甚至包括了劳动方式、生活方式、消费方式、娱乐方式和交通方式等的设计。

对于设计的理解，既有价值观的认可，也有方法论的追寻。同传统手工艺相比，设计呈现出三个方面的鲜明特点：其一是设计与生产制造的分工，以及设计师作为一项独立职业的诞生。文艺复兴时期，自觉和独立的设计与设计师已经有了雏形。许多画家和雕塑家同时也是工程师、设计师。达·芬奇不仅解剖尸体，还设计下水道和战车，米开朗琪罗则设计建筑与雕塑。英国"艺术与手工艺运动"实际推动者莫里斯为设计独立身体力行，包豪斯培养大批设计师之举改变了过往由美术家改行或兼顾设计的现象。其二是强调没有既定模式的创造性设计。人类几千年的创造活动完成了人造物一代又一代的风格（程式化的模式）。在相对静态的历史框架中，设计往往意味着对传统样式的选择，或进行某些适应性的改良。但是，现代的创造速度和广泛性，使人造物常常找不到楷模。启发往往来自不同类的事物，甚至借助"现代创造法"的科学方法论。其三是功能与造型的一致性。现代生活重新确立了人的主体地位，认识到人的美感享受、舒适感，与物的装饰程度、价格不一定相关，"为人造物"的宗旨是突出使用价值以及由此产生的自然的美。因此，以人体解剖学为基础的人体工学，以"人—机—环境"为主题的人机工程学，以人体生理为基础的服装卫生学，以及各种心理学等边缘学科在战后纷纷崛起，技术美学也应运而生。design 名副其实地成为现代交叉学科。

3. 设计话题转向中国以后，虽然关于现代设计的话题，各类专家多有论述，甚至将包豪斯进入中国的时间也大大推前，但真正引入包豪斯现代设计教育概念，并按照相关理念进行教学则是近四十年的事情。囿于当时国内工业化的进程，设计教育仍然是在大美术教育的阴影下进行。所以，常见有关专家说，今天的中国设计教育，受美术教育观念影响，用工艺美术的思维和训练方法，完成了最初中国设计教育的构建。虽然，工业设计领域比较早地接触了西方设计理论，推动了设计教学改革，建立起基本的设计理论体系，后来环艺、服装、视觉传达、产品设计等专业相继以西方设计教育为蓝本，遵循西方的拿来主义。包豪斯倡导的设计民主化和集约化，由于受时代的制约，面临着世界文化多样性和民族审美趣味多样化的责难，它的不足与弊端已经凸显。包豪斯还没有消化，有的高校设计教育已经直奔乌尔姆了，乌尔姆还没理解清楚，马上又探讨智能化和元宇宙了。因此，对于设计学的理解和归属，由于没有真正的科学理性思维、技术工艺支撑和设计美学意识认知，在新旧思维交替中，迄今仍然存有重大的歧义和争论。

4. 什么是设计方法论？方法论在学术领域和教学领域是常用语，如果是谈论研究方法，常常会使用诸如问卷调查等统计学的量化分析作为授课的内容，并衍生为某种理论，叫作"某某学""某某论"。设计方法论的判断与教学，必须建立在设计概念和定义正确理解基础之上。鉴于设计教学的特殊性，设计方法论如果仅仅作为某种理论，而没有付诸设计实操的方法，对于大学本科教学而言，该理论则流于空谈。设计方法论作为一门课程，"它是解决问题的思考、执行与判断，而对这过程的思辨与讨论，便是我们所说的'方法'"[11]。由此延伸开来，设计方法论往往借助于设计实践，对设计计划展开过程进行思辨与讨论，是为解决设计问题而进行的有效思考、判断与执行。独立美术、艺术院校和综合大学设计系科设置设计方法论课程，与设计门类课程系列技能技巧训练前后相关设计实务课程相比较，无论是体系化理论建构，还是设计实操经验，由于这门课程建立较晚，出版的教材还不尽如人意，以及相关授课教师远离设计实务等天然盲点，这门课程在许多学校似乎显得有些微不足道。但是，设计方法论课程在连接后续课程中的中介与启示作用却是毋庸置疑的。特别是将其放到整个人类造物文化史的进程中考察，现代设计活动作为产品价值观和设计方法论的物质承载，设计活动和现代设计产品正成为人们追求美好生活和人类审美文化的新领域，越来越显现出设计关注人与物、人与环境、人和大自然在未来生活中紧密联系的重要性。

设计所倡导的科学理性精神、文化美学理想和设计实务操作，已经成为未来设计人才培养的跨学科中介，也必将会促进科学与艺术、人文与技术、技术理性与感性文化的相互交叉与融合。设计方法论课程教学，正是期望从中寻找到设计任务完成的链接点。同时，在设计方法论驱使下，抽象的设计审美理论又将设计活动中文化的归属性、技术的规定性和设计形式自由度巧妙地结合起来，反过来又为设计物质成果的设计创造、设计使用、设计鉴赏提供实践途径和方法论的指导。

5. 如何看待设计方法论的课程性质？作为大学本科设计学生的基础课程，培养设计学生思考设计方法问题的能力，设计学生需要从问题入手，着手于具体的设计实务，联系设计项目的技术发展、在地文化、民族审美、使用功能和优美形式等诸要素，从设计计划实施的垂直关系和平行关系出发，对待即将进行的设计活动、设计计划和设计结果，在心目中确立起"方法论"的思维，确立设计项目认知的逻辑起点，以课堂设计教学范例为引导，推进设计程序循序渐进地展开，营构设计方案与计划的科学实施。因此，与此相联系，必然涉及对"设计"词源、设计概念和设计目的的探讨。所以，设计方法论兼具了理论和实践训练于一体的课程性质。

第四节
用设计方法论的视角看待智能化时代的设计可能

设计总是伴随着科学技术和社会进步而发展，1946 年麻省理工学院诞生了计算机辅助设计，该技术开始运用于航天等高科技领域。一直到 20 世纪 80 年代才开始广泛运用于民用领域，带来了设计和设计方法的革命性改变。特别是互联网、大数据和智能化时代的到来，引发了经济、政治、文化领域巨大变革，技术潜能被不断发掘，设计与设计教学面临重大挑战。美国未来学家库兹韦尔（Ray Kurzweil）在他的《奇点临近》一书中曾经预测："超级人工智能大概在 2065 年前后，甚至更早就会获得人格。"按照库兹韦尔的说法，这将意味着，未来超级人工智能会在一秒钟之内，突然升华为人造的"神"。特别是神经扫描技术被突破之后，人类自身的经验、情感、细节教训都能被完整地扫描，据说人类就可以摆脱肉身束缚，把自己上传到"云端"，而成为"信息生命"，实现"永生"。超级人工智能，这位由人类自己造的新"神"，将会拥有人类一切既往的知识，又能在一瞬间发展出海量的超级知识，最终人类或许会被这种超级智能打败，此言听上去确实有些危言耸听。

正如哈佛大学社会学教授加里·金所说："这是一场革命，庞大的数据资源使得各个领域开始了量化进程，无论学术界、商界还是政府，所有领域都将开始这种进程。"越来越多的国家、政府、企业等机构开始意识到数据正在成为组织最重要的资产，数据分析能力正在成为组织的核心竞争力。从设计方法论的角度出发，技术作为设计思想表达的支撑，设计创新和设计教学面临着方法论的新挑战，也为我们的设计未来描绘了丰富多彩的前景。

1. 运用大数据收集设计原始数据，验证设计的预见方案。作为最早洞见大数据时代发展趋势的数据科学家之一的维克托·迈尔-舍恩伯格及肯尼斯·库克耶认为："大数据预测分析高于其他形式的分析数据科学，在本质上注重实际应用，在预见未来的过程中还须指挥行动。"[12]大数据主要是指数据体量巨大、无法在短期时间内仅依靠人工手段完成数据的收集、分类与整合，最终形成可供解读和使用的有效信息。大数据为现今的设计工作，收集了大量的实践数据和理论数据。特别是它在数据分析方面的高效性、实时性和便捷性是其他人工方法无可替代的优势。当然，智能化的大数据，由于自身结构化、非结构化与半结构化的特征，有可能导致数据产生同质性、模糊性和片面性现象，人们甚至可能被大数据的假象所裹挟。

运用大数据统计、预测未来设计的运行方案，主要显现三大特征：一是可以更加全面收集设计实施过程中需要的大量数据资源，使设计思路从以往单一性融入多元信息之中，同时迭代为多样资源共生型数字系统；二是逐步打开设计界限，综合、交叉和融合多方面的素材和资料，通过比较分析，获取现代设计的价值机遇；三是避免数据结构化、非结构化、半结构化，做好整体分类重组和个性差异分解，可以对数据采集、存储、应用进行分析论证，防止设计数据同质性、模糊性和片面性，以便于信息合理筛选后而达成准确的设计应用目标。

2.运用人工智能软件模拟方法，达成设计预想目标的可视化。设计方案构思完成以后，设计师可以运用人工智能软件，通过对系统预设的应用软件进行智能化模拟，然后与人类日常生活特征相互对应起来，从而形成一套真实场景再现和预设虚拟现实的两种模拟类型。人工智能是"理解人类智慧的奥秘，并把这种理解尽其可能地在机器上呈现出来，从而创造具有一定智能水平的人工智能机器，帮助人类解决各种各样的问题"[13]的技术科学。运用新的设计方法论，我们可以看到智能化时代许多新的设计可能。新的设计方法通过两种人工智能模拟：一是由于人的体验感受具有瞬时性，容易导致设计价值评估的模糊效应，采用虚拟现实模拟技术，可以借助人工智能进行静态与动态的切换，让设计师和委托方事先参与虚拟世界中设计的场景效果，进而将受众体验感受反馈给设计创作构想；二是采用真实场景和设计最终效果的模拟技术，让设计变得生动有趣，增强了设计方案的既视感。但人工智能模拟，确实具有对感应和储存芯片的高度依赖性，芯片正常运行系统也会保驾护航，然而一旦芯片受损，对设计实体的模拟就会陷入崩溃境地。所以，作为设计师根据的电脑本身的技术制约，也是新设计方法遭遇的尴尬境地。

3. 设计方案实施中智能制造系统新方法的广泛运用，为设计活动提供更大的可能性。特别是工业设计领域的变革尤为明显，它改变了过往设计工作中凭经验和直觉的设计方法。其一，主要包括了具有自我感知、自我诊断、自我适应、自我决策等特征的工业设计智能产品。其二，在设计环节、工艺处理、制作环节实现完全智能化生产。其三，智能制造模式，譬如工业互联网、云平台等新兴制造模式。所以，我们说智能制造系统是指"在制造过程中能够以一种高度柔性与集成度高的方式，借助计算机模拟人类大脑的分析、推理、判断、构思和决策等活动，取代或者延伸制造环境中人的部分脑力劳动"[14]。而利用智能制造系统开展设计方法论研究，主要可以从三个方面入手：一是智能化的设计产品使用，新时期智能产品越来越多，极大满足了人们的日常物质生活所需，而大量信息的传导让公众走进了物质设计的表象，精神深度的设计（设计审美、设计理论等）还有待生活过滤来推动；二是智能化生产方式，机器生产可在数字设置的前提下，无须人工介入便可自动进行批量化生产活动，但须充分意识到机器生产与人类智慧的关系，处理好因过分依赖机器生产而导致人类自身机能退化的失衡风险；三是智能化制造模式，信息技术可深入不同设计领域、设计门类的发展之中，人们可通过数据终端体验数字化设计带给制造的便捷性。然而，如果对智能制造的数据分类与筛选处理不当，也有可能导致设计实践在方向和结果上都产生不可回避的差错。

第一章　作为理论建构的设计方法论

注释

［1］李超德等.设计的文化立场 [M].南京：江苏凤凰美术出版社，2015，第 1 页.

［2］[英]罗宾·乔治·科林伍德.艺术原理 [M].北京：中国社会科学出版社，1985，第 3 页.

［3］李超德.设计美学 [M].合肥：安徽美术出版社，2004，第 23 页.

［4］中国社会科学院语言研究所词典编辑室编写《现代汉语词典》[M].北京：商务印书馆，1997，第 1115 页.

［5］孔寿山主编.技术美学概论 [M].上海：上海科学技术出版社，1992，第 54 页.

［6］李超德.设计学学科属性应该回归设计真相 [J].工业工程设计，2022，4(1): 1-6，18.

［7］艺术设计十五讲第十讲——艺术设计的思维与方法 02 [EB/OL]. https://zhuanlan.zhihu.com/p/460868988.

［8］[德]卡尔·马克思，[德]弗里德里希·恩格斯.马克思恩格斯全集，第 49 卷 [M].北京：人民出版社，2016，第 43 页.

［9］转引：叶朗主编.现代美学体系 [M].北京：北京大学出版社，1999，第 353 页.

［10］叶朗主编.现代美学体系 [M].北京：北京大学出版社，1999，第 337 页.

［11］林品章.方法论——解决问题的思考方法 [M].中国台湾地区基础造型学会，2008，第 15 页.

［12］[英]维克托·迈尔－舍恩伯格，肯尼斯·库克耶.大数据时代：生活、工作与思维的大变革 [M].盛杨燕，周涛，译.杭州：浙江人民出版社，2013，第 48 页.

［13］钟义信.人工智能：“热闹”背后的“门道”[J].科技导报，2016，34（7）：14-19.

［14］方毅芳，石镇山.智能制造系统与标准化发展分析 [J].电器与能效管理技术，2017，（24）：5-12.

第二章　设计教学中的设计方法论

　　每一个人对于设计方法论的诠释似乎都是不同的，除了必要的理论阐述外，有的书籍从文本到文本，忽视了设计方法论兼顾理论和设计实践的特质，冗长又充满着晦涩难懂的概念缠绕。也有书籍简单明了、功利性很强地要求快速解决实践中的具体设计问题，此类书籍更像是职业培训类的教材，缺失了一定的理论要求。其实，这完全是因为设计者和设计教育者寻求解决问题的视角和逻辑起点不同。

第一节
设计方法的理论溯源

荷兰学者 N.F.M. 鲁正堡（N.F.M.Roozenburg）与 J. 伊科斯（J.Eekels）认为：在英文中 methodology 一词有两种意义：第一种意义是方法的科学或研究；第二种意义便是特殊学科、艺术或设计专业中所使用的各种方法、程序、作业概念和原则。这一定义有助于理解"设计方法"所要研究的范畴。[1] 从国外研究现状来看，欧美各大设计院校既有独立设置设计方法论课程的院校，也有在具体的设计课程中加入"方法论"的思考，而且一直以来都将设计方法论思维的培养贯穿于本科至研究生教育。在学术研究方面，设计方法论已发展成诸如"服务设计""体验设计""社会创新设计""参与式设计"等多种设计理念与研究成果。而国内对于设计方法论的教学和研究开始于近十多年，却仍然处于教学尝试与探索阶段。

在西方，有一本名为《设计思维手册：斯坦福创新方法论》的书被介绍进中国，并由机械工业出版社在 2020 年出版发行，这本书刊出了大量图绘，让读者举目可见设计方法的叙述。[2] 另一本同样是图版为主，由普利茨克奖获得者、建筑大师汤姆·梅恩著述的《复合城市行为：城市规划设计理念与方法论》（修订版）——墨菲西斯事务所作品集，可以作为重要的参考文献。[3] 包括德国建筑设计师沃尔夫·劳埃德所著的《建筑设计方法论》都为我们今天的设计方法论提供了理论借鉴。[4] 此书比较全面而又系统地提出了具有指导意义的建筑环境创新设计方法，并对设计的技术理性、认识论建立以及社会人文思考皆有涉及，因此较为符合环艺设计专业的教学需求。其他还有以"服务设计"为核心理念的设计方法实践与学术研究，已经开展多年，直到 2010 年以后逐渐发展成熟。荷兰代尔夫特理工大学、意大利米兰理工大学、挪威奥斯陆建筑设计学院、美国帕森斯设计学院等欧美院校的设计方法类教学，都是围绕"服务设计"或者是"以用户为中心的设计"（User Centered Design）而展开的。主要方法如用户画像（Persona）与客户旅程地图（Customer Journey Map），在学术和设计实践领域里成为最广泛使用的方法之一。但是，此类设计方法在大多数情况下，只适用于产品设计、服装设计、视觉传达等面向个体用户的领域，对于面向社会群体的环境艺术设计，则难以提供具有明显针对性的整体思考逻辑。即便如此，"服务设计"所倡导以人为本的社会设计的理念仍然值得环艺设计教学有效借鉴。而《设计师调查研究方法指南：用知识促成设计》一书，则从室内环境的专业视角着重介绍了设计过程中前期调研的各种方法与逻辑，突出了以问题为导向的原创性调查研究的重要性，为设计方法论研究和课程设置提供了理论支持和参考。[5]

国内大部分关于设计方法论的教材和著作，都涉及社会文化背景与哲学的理论探讨，这恐怕也是中国设计学界重学轻术所致，与西方设计界重实践形成了鲜明对比。在国内，其中最具影响力的恐怕要算柳冠中先生的《设计方法论》，这是一本较早对中国式设计方法论进行独立研究的成果，特别是他将设计问题与中国传统哲学思辨结合起来，为建立具有中国特色的设计方法论奠定了学理基础。[6]后来，他又详细著述了所谓"事理学"的设计方法论，以区别于西方现代设计理论中"功能论""生活方式论"等在历史上产生过重要影响的思想。[7]柳冠中先生通过对设计的哲学本质进行剖析，表达了设计是在创造"事"，而不仅仅是"物"。他的设计理念得到了许多设计研究者的积极回应。譬如高凤麟的《微设计：造物认知论》、刘军的《新设计伦理：信息社会情境下的设计责任研究》，后者考察了设计在后工业社会情境中的"去物化"转变，以解决社会问题为目标，将重点放在设计责任的边界拓展，此种研究视角在本教案和与之对应的教学实践中被着重强调。

近几年来围绕"设计方法论"的书籍和教材层出不穷。譬如，鲁百年所著的《创新设计思维：设计思维方法以及实践手册》，蔡赟等合著的《用户

　　　　　　　第二章　设计教学中的设计方法论

体验设计指南：从方法论到产品设计实践》，张光辉等合著的《城市规划开题设计方法论》，李睿所著的《产品之核：学科产品设计的方法论》，胡晓琛所著的《交互设计方法论》，黎娅等合著的《虚拟现实（VR）设计方法论》，岳梅樱编著的《智慧城市顶层设计方法论与实践分享》，俞昌斌著的《体验设计：重塑绿水青山——乡村振兴方法论案例分析与实验田》，徐海波等著的《UI群英会：用户体验交互·视觉设计方法论》，等等。上述所举一系列书籍，大多是技法类和图本案例类书籍，更多侧重于案例介绍和分析，对于一般设计师和企业而言，确实具有实操性。但是，以此作为大学教材又似乎缺失了必要的理论铺陈，特别是作为教学和研究的理论建构被淡化了。

另外，闻邦椿所著的《创新设计方法论详析》讨论了当今时代如何运用创新设计方法论的体系和规则来提高设计的可行性与有效性。不同的是，这本书是以现代科学技术成就的应用为导向展开探讨，侧重于设计的效率与效益，没有从社会文化背景方面进行探讨。还有许多"设计概论"类教材和书籍，虽有一些方法论方面的论述，但大多从设计美学、设计文化、设计批评等视角切入，缺乏对具体设计实务和情境的阐述，可以作为一般入门设计理论普及型书籍阅读。此类教材的初版年代大多久远，无法及时跟进国内外最新的设计教学案例，因此无法满足设计方法这一课程对时效性的严格要求。同时，与室内设计相关的工具类参考书，则大多遵从已践行三十年的环艺专业理论知识框架，如功能与形式、构思与氛围、风格与流派，围绕宏观设计理论本身进行自我建构，不能正确反映当今社会的现实状况或以用户为中心的设计思维。在教学实践层面，同济大学设计创意学院则将各种创新思维和设计方法融入课程体系当中，培养学生跨学科统揽全局的视野和独立思考与研究的能力，关注多元化的设计影响，相较于传统的物质范畴，更加注重服务设计、社会设计、体验设计等非物质范畴的内容在设计教学中的权重，尝试打破学科间的壁垒，此种创新教学模式值得国内设计院校学习。

目前，国内设计学界已经普遍有建构设计方法论的理论自觉，在创立设计方法论的课程体系方面，也有探索性和开创性的著述出版。尽管如此，设计方法论仍然缺乏适合于本科教学和教学实操方面的指导性资料、教材与学术理论成果的总结与反思。而柳冠中先生的《设计事理学》，在探索设计造物的"事"与"理"关系方面，确实开创了中国化设计理论研究的新视野，将其理论应用于解决社会设计问题方面，也给予本教案很大的启发。然而，解决中国的设计问题，固然要从高屋建瓴的形而上角度谈设计事理学，但原本大学本科设计教育侧重于应用教学，作为一门本科设计方法论课程，教学组织者希望能够以研究性问题为导向，带动设计方法论课程教学走向深入，能够激发学生的思考，解决现实中的设计问题，从而使设计方法论课程，既有理论高度的认识视角，又能够通过教学，获得可验证的设计实操手段与方法。既有前瞻性的理论展望，又有今后走向社会的设计实务能力与方法。

总之，"设计不仅是一种技术，还是一种文化的载体"[8]，对设计的哲学思辨与伦理思考，不仅填补了西方设计学界重科学理性、轻设计人文历史的方法论缺陷，而且将设计方法研究带入了全新的当代性叙事当中，以期在可预见的未来，设计学在中国能够真正被当作一门"科学"来分析、研究及应用，颠覆"设计是经验性的"或"设计是纯技术理性的"这种狭隘的认知。对于组织设计教学来说，完善设计基础理论，构建设计知识体系、普及设计方法论的认知便是设计教学的当务之急。

方法与方法论的定义

在西方语义学概念中，英文"method"（方法）解释为"按照某种途径"，指的是人的活动法则，是"行事之条理和判定方向之标准"。"方法"一词在中国，最早见于《墨子·天志》："中吾矩者谓之方，不中吾矩者谓之不方。是以方与不方，皆可得而知之。此其何故？则方法明也。"此处指度量方形之法。今天看来，所谓方法，就是关于人们认识世界与改造世界的目的、途径、策略、工具与操作技能这五个层次有机组合的一个选择性系统。进一步推论，方法论就是关于方法施行规律的理论，是对方法的合理性、有效性、效率进行系统的研究、讨论和分析。[9] 艺术设计研究的方法论则涉及设计研究过程的逻辑关系和设计学研究的哲学基础。也有学者进一步解释了设计研究领域探讨的几个主要问题，以此拓展了设计方法论研究的范围：[10]

（1）关于对设计的现象、现象的性质、本质、主体等命题的理解。

（2）关于命题间的逻辑性与设计学研究的哲学基础。

（3）关于设计研究过程中使用的图解工具是否真实准确地表达了客观性。

（4）关于设计的根本问题，即价值问题探讨。

（5）关于不同的设计研究范式及其应用，研究范式的选择关系到对于同一设计现象的不同视角理解。

（6）关于理论方法的可检验性。

建构中的设计方法论

简单来说，方法论针对的是整个研究过程，包括所有使用的方法和方法之间的逻辑。艺术设计领域的方法论研究，尤其是在中国本土语境里，已经有不少学者做出了颇有见地的阐释。即便如此，设计学科内部不同专业之间适用的方法仍有较大差异，这也反映了不同设计命题不能套用同一套方法轻易解决设计的实际问题。具体来说，目前市面上出版的设计方法类书籍大多声称涵盖了全流程的"大设计"方法，并将方法的有效性在一个个运用实操案例中验证。然而，书中举证的设计实例大部分仍然是工业设计案例，这从侧面印证了方法类书籍的作者大多为工业设计背景，主要站在工业设计专业领域的视角去梳理总结方法论体系。尽管设计方法中较为通用的如头脑风暴、情景地图、用户画像、问卷调查等，确实在不同专业方面都得到了广泛认可与应用，但仍无法满足针对本专业设计命题的深入考察。

除此之外，工业设计中常用的 SWOT 分析、生命周期分析、市场营销组合等方法是以市场化与产业链视角发展而来的，这与环境空间设计的出发点有着本质的不同。环境与空间设计过程中往往首先需要对场地进行充分的调研，包括背景资料收集、实地勘察、绘制地图、座谈研讨、空间叙事，然后再进行返场思考、图解表达、模型试验，或许中间还会加入参与性的社区互动作为设计的现实依据。由此可见，同属设计学科的工业设计与环境设计对于设计方法的使用尽管有重叠，但存在更大程度上的差异。

此外，设计教育在很长一段时间内仅注重知识与修养（结构工艺、美学、设计史论）或造型基础与技巧（三大构成、CAD、效果图渲染）方面的训练，虽然必要但并不完备和充分。以这样的知识结构培养出来的设计师要么是艺术"直觉型"的，要么是技术"理性型"的。[11]过去三十年来，由市场驱动的设计"形式"创新，显然已不能满足当代使用者对于环境空间审美与功能兼具的需求，也对新型设计人才培养提出了进一步的要求。

迄今为止，设计学科的交叉性，使得设计的内涵和外延被不断扩大和变化，相关国际设计组织也不得不停地修订"设计"的定义。总之，由于"设计"学科自身某种程度上并不构成单独的"本体"因其本质而存在，而是在社会变迁的过程中被不断建构的一种定义、概念或者说是范畴，它的根本动机是解决与"人"有关的一切活动，所以"设计"的相关定义仍然处在变化之中。因此，不同专业需要的设计方法及其操作逻辑也不能被定义为一套封闭的方法论。当代的设计方法论已经从研究具体的设计程序逐步走向对设计结构、设计主体以及认识能力、思维方式的多元思考，走向对设计的知识、理论、方法的哲学性思考。

定性与定量研究

设计问题的研究很大程度上是对人文社会科学的研究，因此研究方法上也大概率遵循社会科学的整体范式。定性研究与定量研究是在探索社会现象时可区分出来的两种类型的研究策略，也被认为是两种十分不同的科学研究"范式"（表 2.1/ 图 2.1）。一个研究方法如果不是定量的，那它大概就是定性的，或者在特定条件下可以是定量与定性的综合方法。常见的定性研究方法有访谈、焦点小组、案例研究、观察法等，定量研究方法主要有问卷调查、实验法、内容分析、空间句法等。

表 2.1　定性与定量研究方法对比

	定性研究	定量研究
前提假设	社会现实是持续建构的	社会现实是客观可测量的
逻辑推理	归纳法为主	演绎法为主
优点	探究深入全面 解释性较强 发现新领域	客观精确 抽象现象转化为具象数值 研究结果可概括
缺点	样本范围小 主观认知偏差 缺乏理论性概括	视角局限 测量偏差 未知变量
步骤	研究问题 理论基础 数据信息收集 数据信息分析 回答研究问题	理论 假设 实验（收集数据） 分析数据 研究发现与结论

资源来源：作者整理。

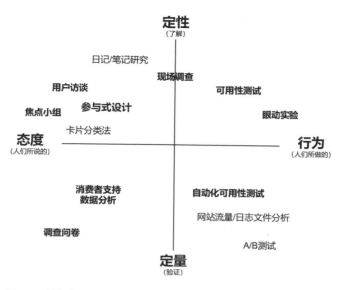

图 2.1 研究方法划分（图片来源：戴力农 . 设计调研 [M]. 北京：电子
工业出版社，2014.）

定性研究方法，也称质性研究方法，是一种社会科学领域常使用的研究
方法，包含但不限于参与式观察、案例研究、半结构化访谈、行动研究以及
更加学术的人类学研究、民族志研究等。定性研究方法基于自然主义和阐释
主义理论，其核心思想是整体地理解和解释自然情景，研究者在当时当地收
集第一手资料，从当事人的视角理解行为的意义和对事物的看法，然后在此
基础上建立假设和理论。[12]它要求研究者亲身体验研究对象的生活和环境，
在收集原始资料的基础之上建立"情景化""主体间性"的意义解释。[13]
尽管对于定性和定量收集到的资料我们都习惯统称"数据"，但定性资料的
形式通常是文字而非数字。它可以是对某一地区历史脉络的梳理，也可以是
某个人对于某件事物的看法，甚至是日常生活中的某个行为动作或者一句感
叹。由此可见，定性资料的特征是丰富性、整体性与复杂性，那些生动的描
述可以容许一探"真实生活"的样貌。[14]因此，定性资料庞大复杂的属性
也促使我们不得不用某种科学的分析方式来提取精髓。定性分析也会用到"编
码"的分析方式，但却与定量分析的编码意义不同。定性分析的编码是将文

　　　　　　　　第二章　设计教学中的设计方法论

本中的关键词、核心主题、相关话语提取出来作为素材用以分门别类，目的是快速地检索出相关信息，并可能寻找主题之间的关联。例如，某一利益相关者在谈到与"本地文化"相关的话语时可以用该词将文字段落"编码"，同样编码的话语会被归置在同一个文件夹，以同样的逻辑处理完所有的定性数据后就可以通过搜索关键词"本地文化"迅速检索到所有的相关话语，编码本就像是一个索引目录。过去的定性分析工作就是将实体文档以各种逻辑归档整理至许多个新的文件夹，现在的定性分析可借助计算机软件完成，如NVivo、QDA、ATLAS.ti 等。对设计而言，筹划设计方案过程中，定性研究是一种较为理性，但更具有人文特征的方法。从定性到定量实际上是方法论的深入与扩展，为设计方案制订提供科学依据的参照。

定量研究喜欢收集大数据，并且重视大数据的代表性。[15]定量研究认为个体、事物、现象可以借由多种变量因素来测评，这些变量被编码排序后就是数字与数量，数学的理性本质使得量化分析更加精确严谨。定性研究分析的步骤通常是：

（1）首先将事物现象的多方面因素转化成变量。在分析过程中可以设定单变量、双变量或多变量，从而匹配不同的统计分析公式与方法[16]；

（2）编码。简单来说就是可以将问题的不同选项赋予连续的数值1，2，3……以便分析软件运算，相当于给每一个属性贴上一个数字标签，而每个数字标签则暂时代表了具体的含义；

（3）收集完数据后录入软件。这个过程通常需要用到 Excel 表格和SPSS 等定量分析软件；

（4）制作数据分析表格。大量的原始数据经过编码运算后呈现出的结果也往往是繁杂的，研究者还需要从中提取信息制成可视化表格，以回应研究问题。

有一种普遍误解，定量方法收集到的数据即是"事实"，因为它的结果呈现的往往是由大量公式、算法、海量数值组成的统计学分析，看起来更加

"科学"。而实际上，定量数据收集的原则、立场以及有哪些变量等都是由研究者事先决定的，从一开始便有了产生偏差的可能性。因为某一社会现象的复杂程度难以用有限的变量完整概括，而且数字变量之间本身毫无意义而是由认知赋予的。或者在数据收集的操作过程中，如发放调查问卷时发现有某一调查对象群体因客观原因未被覆盖，则数据样本范围本身产生了偏差，诸如此类。举例来说，人的年龄或收入这类原本就以数字形式体现的特征也许容易量化分析，而人的消费心理却很难仅用收入和对某一商品的年均消费金额来评估，其中必然还包括社会文化因素、个人生活习惯等难以量化的定性内容。换句话说，以人的认知能力可解读的社会现象如果被转化成机器读取的数字形式，这个过程中必然会丢失一些关键常识，因此同样考验研究者的洞察能力（见图 2.2）。

	原因	制造与服务业	文化、教育、艺术	商业与金融	政府	互联网与传播
喜欢抽象艺术	抗拒现实主义	13.64	11.84	12.12	0.00	8.33
	装饰性	18.18	17.11	18.18	18.18	16.67
	与房间格调匹配	27.27	17.11	21.21	27.27	16.17
	激发想象	40.91	53.95	48.48	54.55	58.33
不喜欢抽象艺术	毫无意义	5.00	32.56	22.22	25.00	13.33
	抽象艺术都是忽悠	20.00	11.63	3.70	12.50	20.00
	太复杂、看不懂	75.00	55.81	74.07	62.50	66.67

喜欢/不喜欢抽象艺术的原因，按职业划分　　　　　　单位：%

图 2.2　定量数据分析：中产家庭对视觉艺术消费的实证研究（资料来源：方军. 中国新兴中产家庭中的视觉艺术——职业地位群体、抽象艺术与自我呈现 [J]. 社会学研究，2018，33(05)，66–92+243–244.）

另一种普遍的误解是，定性研究方法与定量研究方法之间有严格明确的区分。事实上，任意一种方法都可以不同的操作方式导向不同的分析方式。举个例子，高度结构化的访谈问出相同的问题可获得不同的答案，这种结构下获取的答案可以被编码，使得量化分析变得容易；同时，调查问卷中的开放式问题又类似于访谈问题，可获得定性的内容。总之，尽管研究者对于两种研究策略的优越性一直众说纷纭，但任何一种单一的方法都是不完美的，混合的研究策略（包括数据收集＋数据分析）往往能够最大限度证明研究结果的信度与效度。下文对访谈法和问卷调查的详细介绍将阐明定性数据与定量分析、定量数据与定性分析间组合的弹性。

第三节
设计方法论教学的几大问题

室内设计属于环境艺术领域，也和建筑设计领域交叉，是与科学、艺术、生活各方面融合而成的有机整体，其目的是为满足人们的日常生活、生产与消费的需求，有目的地去营造舒适美观的内部生活空间，通过历史传统的延续构建当代都市人群对居住地的归属感。

在设计教学过程当中，环艺学生经常会对设计的含义或者专业本身的意义提出疑问，例如："设计方法等于设计技巧吗？""设计方法有统一套路吗？""什么是设计概念？""设计方法等于设计风格吗？""设计方法在未来实践工作中用得上吗？"在解答这些疑问之间，有必要对设计方法论解决的真正实务性问题进行梳理总结。面对设计委托方，或者是课程教学中的假设性方案，从设计方法论视角讨论的主要问题如下。

设计任务与在地文化的关系
任何设计任务的完成，离不开从主客观两个方面对设计环境、设计享用对象和设计承载物相关文化的了解。设计方法论恰好是要求设计者深切了解在地文化的历史渊源和发展，从宏观和微观处找到设计任务所需的文化参照。

特别是设计师主体如何依据前期调研得来的综合信息，进行必要的分类、归纳和整理，把握被设计物与设计享用者之间的微妙关系，用自己独特的文化态度、立场和价值观，为受众设计出"直指人心的好设计"。

设计艺术与技术工艺如何结合

任何设计都是一定的技术与艺术相结合的产物，设计方法论教学与研究的首要问题，就是思考设计行为将美学因素与技术工艺完美地结合起来。在艺术与技术结合的过程中，科学技术得到人性化的软化，而设计中艺术品格和美学趣味得到物化。

作为设计师，一方面要关注社会和技术的进步；另一方面又应在坚守民族文化传统的同时，用发展的眼光探求时代审美的精神，无痕迹地完成传统元素和美学精神的现代转换，这就是"方法论"。设计正是将诸多元素进行打散构成，对其进行新的组合，产生新的功能，并赋予优美的形式。设计本身所具有的这种双重属性、交互影响和对比平衡，以及设计师个人的文化态度、审美倾向和国家精神，也会促进设计上不同的流派产生，譬如，新古典主义、功能主义、折中主义、新立体主义、极简主义和高技派设计，乃至在中国国内各个设计门类中都正在流行的"国潮风"等。

在全部的设计理论、设计教育与设计实践中，对于广泛意义上的设计认知一般有两种态度：一种认为设计是经验性的；另一种认为设计是一门科学。究竟是科学还是艺术呢？研究对象的不明确使得设计学科不断地被边缘化。[17]其实，在设计的肇始，手工技术与艺术是紧密结合的，这在我们前面的理论追溯和铺垫中已经阐述过了，我们现在所指的"技术"大多指现代科学延伸出的技术，而非传统手艺活。从"工业革命""艺术与手工艺运动""新艺术运动"，再到工业化时代的设计，乃至信息化和智能化时代，设计已经成为不折不扣的艺术、美学与工程技术的理想融合剂。

　　　　　　　第二章　设计教学中的设计方法论

设计形式与使用功能的关系

尽管我们面对当代设计已经否认"设计凭借的是经验和直觉",过去那些认为设计创意中包含着许多非逻辑思考的陋见,已经被人们所漠视。但是设计形式问题仍然是解决设计问题的主要切入口,设计的形式自由度仍然是优秀设计灵感的来源。所以,第三个基本问题:功能与形式的关系,就不得不说是设计方法论中讨论最多的问题。

芝加哥学派建筑家路易斯·沙利文主张的"形式追随功能",在 20 世纪 50 年代主导着现代设计的方向。然而,"形式追随功能"是一个论辩式的命题,因为它的观点并非完全建立在客观证据之上,用它来检测"巴洛克""洛可可"时期和维多利亚时代的设计,甚至"新艺术运动"的设计就并不吻合。因为,这些时期的设计,并不是单纯有一个功能,然后找出最适合的形式来适应这个功能需求,有些夸张的形式设计完全压过了功能性。因此,沙利文的这个名言不是用"假设"和"预测",而是运用了"论辩"的方式,去"说服"设计者和读者,同时也是对古典主义的批判。工业化时代到来,设计民族化的潮流,促使为人而设计,已经不是为少数贵族和统治阶层所独占。

第二次世界大战以后,随着科学技术的发展,传统的功能主义设计式样和设计原理发生了变化,形成了多元化设计。功能再也不是单一的结构功能,而呈现为复合形态:物质功能、信息功能、环境功能和社会功能的综合。20世纪 70 年代以来,由于对人类生活形态的研究,同时也由于社会学、生态学的研究而发展的社会设计和生态设计,使得设计人类的各种生活方式,改善人类的生存空间,已成为设计界共同面对的迫切问题。20 世纪 80 年代,孟菲斯设计集团和后现代的设计师们强调形象、生理、心理相互联系和统一。他们提出:设计师的责任不是实现功能而是发现功能。

"形式追随功能",这一辨识度高、有见解的建筑主张,已经超越一般建筑本体的认知,抓住了设计的社会性本质特征,影响到整个 20 世纪的设计,这就是设计主张与方法的合理性，也是另一种意义上的检验。尽管，随着现代主义发展过程中出现许多弊端，遭遇到后现代主义设计师的诘难和诟病。全球化时代，民族文化多样性，成为设计家和理论家们的文化主张与倡导，很多设计大师用自己的设计作品挑战了现代主义倡导的观点。但是，不可否认，设计审美趋同化和追求形式简约，却仍然是未来设计不可逆转的潮流。只不过犹如中国和日本许多设计师希望在西方与东方审美之间架桥，改变设计话语权的走向，注重彰显国家和民族文化的精神品质，做出了积极探索，出现了许多优秀作品，获得了形式设计的新变化，成为设计方法论现实的实证案例。

宏观设计概念和微观设计细节的关系

环境设计的研究对象是"人—机—环境—社会"这一大系统。环境设计的出发点是人而不是产品，所以环境设计是对人类生活方式的设计（包含劳动方式、消费方式、娱乐方式、学习方式等）。

"设计不仅是一种技术，还是一种文化的载体。"[18]设计问题实则是文化问题，设计除视觉表象因素外，核心研究内容实际上是对社会学、伦理学的解读，某些价值观的确立其实在设计教育阶段就应该开始了。[19]从宏观设计的角度讲，设计活动是围绕着人、社会和环境而展开的，真正的设计不仅是对人与社会的关怀，设计活动还是对人民美好生活的观照，设计更是设计师主体如何回应社会的一种态度。从微观设计的角度说，设计是设计师的思想和消费者的接受邀请相结合，并通过技术进行新的组合和设计形式的优美呈现。

"设计方法等于设计技巧吗？"这类问题的答案已显而易见。方法本身的含义中就不包含一种固定模式、套路或流程，它是人们认识世界与改造世界的目的、途径、策略、工具与操作技能这五个层次有机组合的一个选择性系统，需要设计师充分发挥自己的主观能动性和判断。很长一段时间以来，

　　　　　　　　第二章　设计教学中的设计方法论

设计学子对于"概念"的理解仍停留在提取某种视觉图像符号作为灵感来源，如果需要呼应某地的文化传统，则形象化、视觉化地提取这个文化传统中某一元素便成了百试不厌的设计"概念"，运用在了视觉包装或建筑空间设计上，这样的例子在历史小镇再开发项目中最为常见。这种方法表面上看似回应了在地文化，实际上难以与本地受众产生共鸣，也没有真正地向大众展现真实的本土生活方式。设计可以运用符号，但不能仅仅是符号。正如前文所述，设计是寓精神于物质的社会文化活动，生活方式也是设计的成果。因此，设计师对在地文化的理解不能仅停留在文化符号层面上的理解，而必须探究到在地人群在某种文化惯习被动影响下的行为模式和生活方式。因为文化无法用一个视觉符号概括，文化是一群人在多年历史发展中沉淀下来的一种思维方式和生活状况，反映出来的是一种可辨识的集体人格。而符号本身并不能反映以上方面，那是设计师将其审美优越性赋予的霸权强加于他人的文化而进行的输出。设计师通过高等设计教育课程接受的专业技能训练首先是值得肯定的，尤其是在基础专业知识、审美能力和作图能力方面，而教育过程中对文化立场的培养确实容易使设计师陷于纯形式创造或工具理性主义的思维困境。各种风格、主义固然值得学习，但不深究其产生的社会背景及含义，只是单纯模仿借鉴元素无法反映设计师的思辨能力，很难产出标准化设计产品以外的方案。设计学生在校时遇到的课题大部分都是虚拟的，努力做作业的目的是通过教师考核，毕业后进入设计公司做实际方案的目的是为了满足甲方的需求。然而试想一下，如果真遇到一个没有明确甲方、未被充分探索过领域的新项目时，毕业生们还能够站在社会文化的立场上去考虑问题吗？即便主观愿意，他们了解需要用到何种方法吗？新时代下社会现实的瞬息变化越发超前于知识体系，设计师的角色和职责也都相应产生了变化，因此唯有不断拓宽眼界，用科学的设计方法丰富自己的认知，不断开发职业潜力才能够成为一名颇有视野、立场和责任感的设计师。

第四节
现有的环境艺术设计方法类著作

目前关于环境艺术设计方法类著作主要以阐述室内设计的基本概念、内容、原理及发展趋势为主。基本概念包含了室内设计的含义、发展、设计的依据、需求特点。室内设计的内容包括设计过程、方法步骤、平面功能、动线组织和界面处理。室内设计原理包括照明与采光原理、设计色彩、材质肌理、陈设与家具、室内绿化等，更广泛一些还包括人体工程学、环境心理学与流行风格等。相关教材还可能包含了关于室内设计的学习方法和评价原则，介绍室内设计的演化过程和发展趋势，对理论知识进行全方位概括式的解析，引导学生将理论与实际项目结合，从而将室内设计的基本准则与元素手法在各类室内空间中具体应用，对于提高学生的设计实践能力具有一定的实用性价值。这类市场上较为常见的教材适合作为高等院校本科室内设计及相关专业的教材，同时也适合从事室内设计工作的实践者学习与参考。

第二章　设计教学中的设计方法论

注释

［1］张黔.设计方法论的构成谱系[J].设计艺术研究，2017，（02）：41-46+57.

［2］[德]迈克尔·勒威克著.设计思维手册：斯坦福创新方法论[M].纳迪亚·兰格萨德，绘.高馨颖，译.北京：机械工业出版社，2020.

［3］[美]汤姆·梅恩.复合城市行为：城市规划设计理念与方法论（修订版)[M].南京：江苏凤凰科学技术出版社，2010.

［4］[德]沃尔夫·劳埃德.建筑设计方法论[M].孙彤宇，译.北京：中国建筑工业出版社，2012.

［5］[美]莎莉·奥古斯丁，辛迪·科尔曼.设计师调查研究方法指南：用知识促成设计[M].北京：电子工业出版社，2016.

［6］柳冠中.设计方法论[M].北京：高等教育出版社，2011.

［7］柳冠中.事理学方法论[M].上海：上海人民美术出版社，2019.

［8］柳冠中.事理学方法论[M].上海：上海人民美术出版社，2019.

［9］柳冠中.设计方法论[M].北京：高等教育出版社，2011，第245-246页.

［10］李立新.设计艺术学研究方法（增订本）[M].南京：江苏凤凰美术出版社，2009，第11-12页.

［11］柳冠中.设计方法论[M].北京：高等教育出版社，2011，第252页.

［12］李立新.设计艺术学研究方法[M].南京：江苏美术出版社，2010，第96页.

［13］陈向明.质的研究方法与社会科学研究[M].北京：教育科学出版社，2000，第1页.

［14］[美]迈尔斯，休伯曼.质性资料的分析：方法与实践（第二版)[M].张芬芬，译.重庆：重庆大学出版社，2008，第15页.

［15］[英]洛兰·布拉克斯特，克里斯蒂娜·休斯，马尔克姆·泰特.如何做研究：社会科学研究指南[M].符隆文，译.北京：北京联合出版公司，2021，第82页.

［16］从因果关系的视角，"自变量"通常指研究者主动操纵而引起因变量发生变化的因素或条件，所以自变量被看作因变量发生的"因"。"因变量"则是由自变量变动而直接引起变动的量，即"果"。在科学实验中，研究者将因变量与自变量放在设定的情境（模型）中观察情况变化，以此来判断影响成因。

［17］柳冠中.事理学方法论[M].上海：上海人民美术出版社，2019.

［18］柳冠中.事理学方法论[M].上海：上海人民美术出版社，2019.

［19］李超德.设计的文化立场[J].艺术设计研究，2015，（01）：85-87.

第三章　设计范式转变后的设计方法

第一节
从包豪斯到乌尔姆

在设计教育中，"包豪斯"几乎是现代设计的代名词。1919 年第一次世界大战后的德国百废待兴，赫尔曼·穆特修和格罗皮乌斯等人有感于德国工业设计的保守和现实社会的没落亟待改变，包豪斯作为一所新型的设计学校诞生了。当设计成为一种"符号"，依赖于机器工业和批量生产，逐渐取代农耕经济时代的传统手工艺，通过工业制造批量生产的方法为大众提供了巨大生活便利的时候，也为社会营造出民主、公平、幸福和和谐的氛围。特别是现代主义设计喊出了"为人民而设计"的口号，则增进了大众的凝聚力，唤醒了大众的消费力，这便是现代主义设计当时诞生的语境。虽然在一个世纪的风云变幻中包豪斯已经成为历史，但它为现代主义设计和设计教育树立了典范，呼唤设计民主，主张设计为大众服务，践行审美与实用、功能的新统一。我们今天纪念包豪斯 100 年的现实意义同样也是当下设计行业和设计教育不断追问的问题：设计为何物？设计为谁而设计？我们为什么而设计？

1925 年以后，包豪斯在大师们的努力下，无论从教学上还是实践中都比以往更趋成熟，形成了炽热的现代主义设计理想，注重于新材料、新的设计方法的选择和运用，极力反对多余的烦琐装饰，着力追求产品的内在功能价值及审美结构的单纯明快，将包豪斯拉到了现代主义设计风格的起点之上。包豪斯创立的奠基性学术观点主要集中在三个方面并已成为现代设计的金律：艺术与技术的新统一、设计的目的是功能而不是产品、设计必须遵循自然与客观的法则来进行。这使现代设计逐步由"乌托邦式"的理想主义走向了实用功利的现实主义，即用理性的、科学的思想替代艺术家式的设计自我表现和自由浪漫主义，积极倡导技术、技能、技巧对设计的意义，从而确立了现代主义风格的基本范式。然而设计对于包豪斯而言，又不仅仅是功能与形式之争，更多的是设计本质的哲学探讨，而且最终上升为工业化过程中对于设计责任的颂扬。

德意志制造联盟和包豪斯倡导的理念不仅在20世纪初掀起了设计革命，直至今日仍然影响着设计潮流并体现着人性化的光辉。现代一体化厨房的原型——法兰克福厨房诞生于1926年第一次世界大战后住宅短缺的年代，建筑师面临用有限成本和空间解决大量工人及穷人的居住难题，属于现代主义建筑运动的样本典范。由奥地利第一位女性建筑师玛格丽特·舒特－里奥茨基（Margarete Schütte-Lihotzky）设计的"法兰克福厨房"，是将家庭小厨房的功能区块在三种大小类型的规定空间范围内进行尺度合理化的设计，同时借助工业批量化生产的成套组合设施并从基础人体工学的角度进行布局，让所有重要的厨房用品伸手可及，从而缩短了厨房工作的操作过程（见图3.1）。这一创新设计改善了工人阶层逼仄混乱的用厨环境，提高了做饭的效率，大大减轻了妇女家务劳动的负担。法兰克福厨房的设计策略灵感来源于"泰勒制"科学管理方法，根据在厨房工作的每个步骤和所需时间设计出最有效的工作方式，并将工作流程标准化，使空间建造得以标准化从而达成最高的产量。这正反映了包豪斯设计体系中的标准化美学思想，这种思想陶冶了一代年轻设计师的设计责任感，使他们凭借科学知识与工业生产优势让现代设计惠及了广大工人阶层和弱势群体。

图 3.1　法兰克福厨房，玛格丽特·舒特－里奥茨基，1926 年
（图片来源：https://www.stylepark.com/en/news/a-lot-of-life-in-one-person，2020-03-17）

　　就包豪斯在中国的传播而言，现有文献和片言只语无法确定前辈是否曾将完整的包豪斯思想和设计教学体系介绍到了中国来。我们只知道，20 世纪80 年代初，包豪斯的许多相对完整的教学理念是通过日本、中国香港和中国台湾地区的出版物担当二传手而传入的。可以说中国内地一直以来是作为包豪斯思想的第二或第三方接受者，对于包豪斯设计教学思想的了解、消化、理解，其实走过了从囫囵吞枣、自觉误读到逐渐理解的过程。受制于我国当时经济发展水平和现代设计的认识，所谓的设计教育改革一直没有形成真正的契合于未来工业发展的现代设计教育体系。

　　　　　　　　第三章　设计范式转变后的设计方法

包豪斯成立已经100年，从设计未来的角度讲它的弊端已然呈现，譬如过于重视构成主义理论，强调形式的简约，突出功能与材料的表现，而未考虑到全球化态势下，文化多样性背景下人对产品的心理需求，直接影响消费者与产品之间的情感和谐。后来的现代主义设计往往因为机械、呆板、缺乏人情味和历史感而为后人所诟病，所以受到"后现代主义"设计理论家们的强烈批判。我们今天重温"包豪斯"精神可以归结为两点：其一，"包豪斯"精神从来是面向设计未来的。其二，包豪斯的设计宗旨所秉持的"为人民服务"的理想从来不会过时。在强调实用功能的同时，以人为本、为人的需要而设计也是包豪斯设计教育的核心，在"为人"的教育理念里，包含了已经普遍被接受的"使用者"思维，产品设计的目的就是满足人的使用需求，这也间接催生了当下热门的"交互设计"和"服务设计"等课题。设计与社会生活建立起更为广泛的联系，通过互联网的信息交流，构建了设计师的社会责任与消费者满意度间新的人文关怀。后工业时代科技大发展与互联网介入大众生活使得设计创意和实践之间的鸿沟逐渐缩小，甚至每个人都可以动手制造（hands on），设计教育和教学又面临通识化未来的考验。

　　总而言之，包豪斯代表的现代主义设计概念、理想到精神，都应伴随着每位设计学子从学校到踏入行业，在各自不同时期、不同状态和不同的角度下焕发出新的含义。从功能到形式，再从设计理想到设计责任，每一个时期包豪斯都给予了我们新的思考，犹如设计教育理想的一盏明灯，映照着我们在设计教学的旅途中不断地跋涉。

第二节
什么是现代主义设计"范式"?

　　20 世纪 30 年代，受战争形势压迫而关闭的包豪斯学校通过它曾经的教师和学生把思想与精神带到了世界各地。后来，现代主义逐渐发展成了后来的国际主义风格，成为无地方主义的代名词，使得从城市规划到建筑外观，室内装饰到家具陈设都呈现出千篇一律的面貌，这种千篇一律甚至从物质表象渗透到了意识形态，这也是国际主义风格在新的语境中逐渐演化并被其他流派（如后现代主义）诟病的开始。国际主义风格体现的实用功利主义注重空间环境使用的效率最大化，在设计层面强调工具理性、统一规划以替代艺术家式的浪漫主义美学概念，从而确立了现代主义的基本范式。然而现代主义在向国际主义风格演化的过程中，在不同国家地区语境里却渐渐丧失了它一开始倡导的为人民大众的实用性，变成了一种代表"长官意志"的权力统治符号，具体体现为对历史传统和自发性日常活动的拒绝，强调统一规划管理的空间形态，强调权力符号在建筑形态上的具象化。考察现代主义最初普及的历史语境，是战后许多国家处于住房紧缺的状况，由政府组织统一规划大批量建造了低价公共集合住宅，能够同时容纳几百至上千户人口居住，救了普通民众的燃眉之急。在当时的语境中，现代主义以其实用主义的设计语言解决了大众的基础性生活需求，帮助当地政府稳定了城市重建发展的根基，便于统一管理、高效地组织工人生产。20 世纪 80 年代后，当世界多个国家步入了后工业时代，整体的社会经济状况都发生了改变，人们的生活方式也产生了变革，对居住空间的需求早已超越基本满足，上升到精神文化方面的满足，对于功能与审美、实用与个性提出了新的要求。战后的公共集合住宅虽然解决了当时的住房基本问题，但也体现了一种救济式的官僚主义，将人们自发改造生活空间的意愿排除在外（见图 3.2）。今天，国际主义风格的统治意象多体现在公共建筑上，超大尺度的入口广场、整齐划一的建筑立面、无地域性的建筑材料皆显现出城市当权者对于建立城市标志形象的野心，吸引投资，竭力占据全球化经济产业链条中重要的一环。与此同时，城市空间营造的人本主义原则被搁置一旁。当我们物质生活得到了极大满足后回望过去，就会发现现代主义曾经作为一种整体范式改变了大众的生活，而绝对的社会平等又变成了社会平均，这又制约了当代人的生活。因此，有必要将现代主义重新置于当代的语境中为其建构一种新的范式，让其回归"为人民服务"的最初理想。

图 3.2　美国普鲁特艾格社会住房，1954 年（图片来源：Archdaily.cn.[1]）

作为一个学术概念，范式（paradigm）一词首先由美国科学哲学家托马斯·库恩（Thomas Kuhn）在其著作《科学革命的结构》中提出，是指在一般科学内部进行集体性知识生产和共享时，学术共同体内约定俗成的一套准则、价值观和研究共识。[2]社会学家艾尔·巴比教授也曾说过，范式是我们用来组织观察和推理的基本模板或参照体系。[3]也就是说，不同科学内部往往会有一种主流的研究范式，这种范式规定了或者说预先验证了几种研究方法之间的组合配比，被称为"依照某种研究范式"，但研究范式却不能简单地化约为研究方法的集合。假如"设计学"正在成为某种正统科学,那么它总体上而言也属于社会科学的范畴,因此也大致遵循了社会科学的主流研究范式。

尽管现在"范式"一词在大多数情况下用于形容学术研究领域的方法论参照体系,在实践领域我们也可以看到由一些开创性思想引领的整体性的规范准则转向。设计实践领域的范式转向最早可追溯到美国设计理论家维克多·J.帕帕奈克(Victor J. Papanek)于1971年出版的《为真实的世界设计》,书中以"真实世界"的范式提出了一种从文化和实践上服务于人类的设计模式,批评消费主义及过度生产对环境造成的破坏。[4]这本书从刚刚出版时备受设计界批评嘲讽,到成为设计院校必备参考书的历程也证明了设计实践领域已经历了一场变革,关于设计责任和社会伦理的变革。20世纪80年代西方艺术设计理论开始在中国传播的时候,国内设计师群体正忙着学习现代主义设计的成功案例,既缺乏话语权也缺乏独立自主的意识。经过四十年的发展,设计行业在市场经济中得到了迅速发展,国内学术圈对于设计研究是否有"范式"一说也开始逐渐形成自己的观点。

自2018年已经出版了三部的《设计研究新范式》一系列论文集探讨了相关议题在中国的发展,总结了国内设计领域最新研究成果体现出的新视角、新方法与新路径。中国经济发展至今时今日,设计学界包括实践领域也都意识到"设计"不再只是满足大规模市场需求的一个工具,它不再只是被动满足人们日常生活的基础性需求,而是主动解决日益复杂的社会环境中现实问题的灵药。随着时代发展,人们的物质与精神需求都逐渐变得丰富,生活方式与文化诉求也在高速地分裂、多样化,因此当下的设计师不得不主动设问,从不同的视角理解问题,发现设计机会,提出解决方案。基于这样的现实,寻找设计研究新范式便成为当务之急。提出"设计研究新范式"的初衷是注意到设计学作为一门蓬勃发展的新兴学科,却没有很好地进行体系化建设进而形成学科范式,因此只能借助别的学科已有范式来推进。在发展初期,这样的借鉴可能并不是问题，但随着学科发展深入，不适应的范式借鉴往往制约了学科发展本身，这时对应学科自身特点的设计研究范式讨论就浮出水面。然而，"新范式"究竟新在何处？"新范式"的框架规范是什么？这些问题是将"设计研究新范式"摆上台面探讨时难免会遭受的质疑。主编方晓风教授认为，"设计研究新范式真正强调的并不是一个明确的范型，而是对学科价值的清晰认知。设计学的特征是以实践为根基，理论联系实际并要落到实处，在现实的环境中得到验证。也正是由于强调实践，设计学必然是综合性的知识结构"[5]。这一系列论文集的成果可以看作国内对设计研究范式建构的有益尝试与推进，关于"新范式"的概念也将日渐清晰。尽管设计学界正在尝试建构新的话语来明确设计的价值导向与社会意义，进而希望用"设计研究新范式"来逐渐向更广泛的群体推广设计作为一门科学对现实生活的重要性，但随着范式话语逐渐成形，这一行为本身可能在将来某一天也会限制学科自身发展。正如某些学者说过，"范式间的差异问题似乎已经渐渐没入台下，越来越多学者以更加实用的、通用的眼光去看这个世界"[6]。因此，设计研究新范式的提出尽管是一件具有重大意义的事项，但范式建构的根本目标终究不是文本理论，而是呼吁我们对真实世界建立起超越学科分界的综合认知，目的是解决现实问题，是落到我们每一个人日常生活的设计实务。

第三节
研究性问题导入协同创新的"跨学科"设计方法

对于设计学生来说，除了"设计是什么"这个根本性问题外，他们感到最迷茫也最不懈追问的另一个问题是"不同设计领域到底如何界定"。室内设计、建筑设计、景观设计、城市设计、装置艺术等"专业"边界越发模糊，不仅体现在全球各所设计院校之间有着迥异的专业划分基础，还体现在实践领域的跨学科融合，甚至跳脱了传统艺术设计的范畴跨至数字信息技术、生物科学等自然科学范畴。室内设计大师梁志天也曾说过："平面设计影响了时装设计，时装设计影响了家具的设计，家具设计影响了室内设计，它们是一环套一环的。在意大利，今年穿什么衣服，明年就会流行什么样的家具，后年就会流行什么样的室内设计，渗透着一种情节，预示着即将开始文化主体流向（可以是同时几个主流），这反映的是人对生活的要求。"[7]然而，我们当下面临的设计场域已不仅是艺术设计专业内部间的融合，而是整个科学体系的边界"破冰之旅"。

专业教育体系到底是如何形成而延续至今成为惯例的呢？首先，西方国家占据了设计话语的文化根基：西欧 15、16 世纪的文艺复兴运动打破了近千年的宗教封建思想统治，创立了以人文主义为基础的文化体系，后来的宗教改革运动进一步加强了人文主义的倾向，为西方社会"进步"观念奠定了坚实的基础。18 世纪英法的革命又成为推动整个西方国家由传统社会向现代社会转型的先声。西方精神文化和物质文化的现代化先觉，为世界历史开启了一个新时代，占据先机的西方文化在对世界的引领中形成了权威的话语地位。[8]工业革命与启蒙运动带来了科学的进步，导致学科发展越来越专门化且工具理性化，知识积累激增且日趋专精；科学技术的更新导致了生产方式变革、社会分工加快，从而使得大学的教育职能逐渐倾向于培养各种专业人才，因此专业教育受到青睐，迅速从人文教育中分离出来。在经验主义、功利主义的影响下，大学从推崇自由教育转向工具理性，科学技术科目主宰了大学课程，注重修养完善的人文课程日渐衰微，由此专业教育逐渐成为现代教育的主导甚至被推向了极端。[9]

同时，当今的人类社会又从未像今天这样遇到如此复杂的一系列问题。这些问题的普遍性、整体性、深刻性和严重性往往不是一个或几个学科专业能够解决的，必须从整体的角度去考虑，因此促进了多学科间跨界融合、协力攻关的进程。国外研究型大学在跨学科发展方面仍走在前沿，为克服种种阻碍探索出了多种发展模式，例如设立资助跨学科研究的基金、推动共享性核心设施的建设、实施新的教师聘任和考评模式、创建新的跨学科院系等一系列举措。相比较而言，目前我国综合性大学大多仍采用"校—院—系或教研室"型的学术组织模式，科研、教学体制大多按传统单学科设置，所以跨学科组织体系受到现行大学学术组织形式、管理体制和运行机制的约束，使得开展交叉学科研究存在一些"组织障碍、制度障碍、资源障碍"[10]。国内的设计教育起步晚，作为"现代设计"意义上的设计学科很大程度上是通过学习和引进西方理念而快速发展起来的。20世纪80年代曾留学、访问日本、欧洲、美国等发达国家的设计教育先驱们开创了中国现代设计教育的新篇章，但囿于当时国内生活水平和工业化水平还较为落后，对设计的应用要求也处在低位水平，因此设计高等教育并未在起步后获得快速发展。[11]目前，在中国北上广深等一线城市的大学多已借鉴采用西方的"预/长聘"教师雇用体系，从师资结构和激励制度方面促进了学科间的研究合作，但真正的跨学科协同创新仍需根植于教学本身，因为只有将学术理论和设计实践高度结合，同时引入产业、企业等多方介入才能产出有效的设计成果。

经过中国前二十年的经济飞速发展，人民的物质生活水平连同工业化、城市化水平皆实现了质的飞跃，近几年逐渐显现出了人们对于精神文化生活提升的迫切追求。这一阶段，设计的应用虽然已经突破了生产力壁垒，满足了社会和产业需求，但还远不能满足广大民众的精神文化需求，因为人们的审美品位、文化表达诉求及差异化生活方式的追求也在经济改革发展的阶段里发生了巨大的变化。在改革开放初期，全球化的设计传播把一批中国设计师塑造为商品制造者。曾有学者表达过中国设计师艰难的成长环境与阶段使命："置身于大生产的循环中，设计师不可避免地要满足大量产品订单；作为文化表现者，要在文化传统断裂的零开端开始语言的建设，并期待在短期内发展出'成熟的'语言；作为现代知识分子，又要在急速变化的社会中为自己的工作在政治、文化演变中精确地定位——其困难程度可想而知！"[12] 从知识生产与实践的角度来看，跨学科设计研究方法将我们生活的环境看成一种集体性知识创造，超越了建筑空间的物质表象以及专业学科意义上的建造技术和手段。这样的知识来源于人居环境从设计到建造到使用整个（循环往复）过程中所有的参与方以及他们背后的作用力，它是在文化、社会、政治和经济的综合环境中经由时间的发酵慢慢积淀而成的。[13]在这样一个将环境看成多尺度现实的视角下，城市与建筑环境的设计不再是学科意义上的"规划"或"管理"知识，而涉及所有居民的共同感受与体验、涉及所有维持社会正常运转的公共部门，因为城市设计的最终目的不是成为一个"作品"，而是回归使用者的日常生活。

随着艺术设计专业内涵的不断深化，外延的不断扩大，它不再是单纯解决一般意义上的"设计"本体范畴的工作，而已成为参与建设和构成公共社会生活的过程和提高人类生活品质的综合手段。另外，随着计算机技术的不断进步、经济水平和公众意识的提高，艺术设计的复杂性和综合性进一步加强。许多设计的最终完成所要求的知识范畴已远远超出设计师个人能力控制

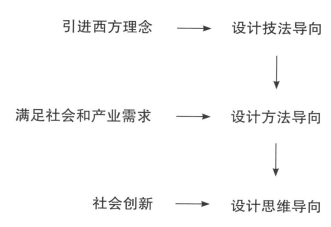

图 3.3　设计教育发展三大阶段及导向（图片来源：作者自绘）

　　　　　　　　　　　第三章　设计范式转变后的设计方法

及管理的范围。[14]因此，从专业研究到协同创新的 "跨学科" 发展，不仅是全球化影响下社会生活复杂化对设计科学进步提出的迫切要求，也是面向未来不断转型的大众创新意识的主观需求（见图 3.3）。当设计寻求与社会人类学、数字信息技术、机械工程或表演艺术的联合时，不同学科之间的界限逐渐变得模糊。因此，设计师的思维方式和工作方式将变得更加智能和可适应，这也是设计教育的核心价值所在。[15]

注释

［1］AD 经典：普鲁特艾格住房项目 / 山崎实 . https://www.archdaily.cn/cn/886845/ad-jing-dian-pu-lu-te-ai-ge-zhu-fang-xiang-mu-shan-qi-shi?ad_name=article_cn_redirect=popup, 2022–04–27.

［2］Kuhn, T. S. The structure of scientific revolutions. Chicago：The University of Chicago Press, 1970.

［3］Earl. R. Babbie, The Practice of Social Research. 12th Edition. Wadsworth：Cengage Learning, 2009.

［4］[美] 维克多·J. 帕帕奈克 . 为真实的世界设计：人类生态与社会变革 [M]. 周博，译 . 北京：北京日报出版社 ,2020.

［5］方晓风 .《设计研究新范式3——〈装饰〉优秀约稿论文》序 [EB/OL]. https://www.sohu.com/a/420453971_736451, 2020–09–23/2022–04–26.

［6］[美] 迈尔斯，休伯曼 . 质性资料的分析：方法与实践（第二版）[M]. 张芬芬，译 . 重庆：重庆大学出版社，2008, 第 8 页 .

［7］梁志天讲座总结作为中国室内设计的大师 [EB/OL]. https://wenku.baidu.com/view/1199d9c058f5f61fb736667f.html, 2012–09–19/2022–03–17.

［8］李超德 . 设计的文化立场：中国设计话语权研究 [M]. 南京：江苏凤凰美术出版社，2015，第 9 页 .

［9］李佳敏 . 跨界与融合 [D]. 上海：华东师范大学，2014.

［10］陈何芳 . 论我国大学跨学科研究的三重障碍及其突破 [J]. 复旦教育论坛，2011, (1).

［11］巩淼森 . 跨学科：论设计高等教育的新趋势 [J]. 创意与设计，2010(02):32–35.

［12］[荷] 琳达·弗拉森罗德，施辉业 . 超越"中国当代"展——如何使中国建筑师与荷兰建筑师相互借鉴 [J]. 时代建筑，2006(05):134–138.

［13］程婧如，Jacoby, Sam. 设计研究与建筑城市主义：跨学科知识生产与实践 [J]. 新建筑，2017(05).

［14］过伟敏 . 走向系统设计——艺术设计教育中的跨学科合作 [J]. 装饰，2005(07):5–6.

［15］Y. Li. Interactive Architecture–Interdisciplinary Design Pedagogy in Shenzhen University. KnE Social Sciences, 2019, 3(27), 366–376. https://doi.org/10.18502/kss.v3i27.554.

第三章　设计范式转变后的设计方法

第四章　设计实务的方法与程序

进入智能化时代，许多设计理论必然会被重新释义。如何完善未来设计方法论，使得设计既反映时代科学技术发展成果，又具有精神追求的优秀设计品质，并得以组织实施，已经成为设计教学必须思考的问题。黎巴嫩诗人、艺术家纪伯伦在他的诗集《先知》中说："我们已经走得太远，以至于我们忘记了为何出发（We already walked too far, down to we had forgotten why embarked）。"受此启发，如果遗忘了"为什么而设计"，确实是我们对未来设计真正目的的漠视。过往某些不成功的设计案例，确实没有从问题导向切入设计问题的思考，有的只是为完成项目而设计。我们常常说：设计究竟是为项目而设计，还是为作品而设计？某种意义上说，如果单纯为项目而设计，就只能是为甲方负责。我们说的为作品而设计则是为历史负责。缺乏问题导向和主观意识的设计，就如同没有思想随波逐流，终将被平庸的设计而裹挟走向衰亡。如果没有契合时代要求的设计方法论做支撑，设计、艺术、审美都将成为无根的浮藻疯狂繁殖，却永远无法走进纵深土壤扎根生长。由此，广泛讨论的教学改革，更应该从课程改革做起，设计方法论在面向未来的设计要求面前，一方面仍然应该遵循必要的设计程序；另一方面又必须发挥创新思维，着力思考为了未来生存而重构设计教育。如何重新审视和建构未来"设计方法论"，既不能埋首于故纸堆为理论而理论，也不能盲目冒进人云亦云。在进行设计理论溯源和新的设计方法论探索的同时，应该以前瞻性的未来发展眼光，对涉及设计方法的基本程序做必要的回应。

第一节
设计应该遵循的一般设计程序

关于设计的程序，有人曾提出过从"任务书""分析""综合""评价"到"交流"的设计过程模式，并被英国皇家建筑协会认可。在此基础上，学者维诺德·戈埃尔进一步提出了设计的几个明显阶段。[1] 尽管设计流程的阶段论颇有逻辑和理论价值，但实际的设计工作肯定不是如此刻板，加上不同的设计师也有自己不同的设计习惯和工作流程，因此这类流程框架仅能作为学习设计这门专业的入门常识。想要成为一名高素质的设计师，必定要对设计的具体过程深耕挖掘（见图 4.1）。

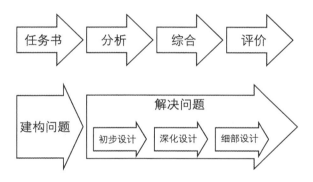

图 4.1　英国皇家建筑协会和戈埃尔的设计流程图（图片来源: [英]布赖恩·劳森.设计师必读 [M].龚恺,译.南京：江苏科学技术出版社,2007.）

通过设计任务组织教学，模拟了设计单位的工作流程，这也是设计方法论学习与训练中，职业训练不可或缺的方面。一般情况下，课堂教学既有假设性的设计课题，也有以项目带设计的双重任务。许多设计公司和企业，为何愿意和高校设计院系合作？他们主要看重的是，众多学生拥有的天才想象力。而且，合格的设计师培养，一定是全过程参与的培养，设计方案的真正完成，实际上是当设计产品走向市场后的良好反馈与为此而做的服务设计。

设计孕育与准备过程

首先，是了解社会消费需求所要承担的设计任务。一项设计任务的提出，一般来自社会消费需要。社会消费需要既可能来自消费者，也可能来自衣食住行诸方面为消费者超前设计的物质环境、某种产品和生活方式。因此，设计方案的产生常常是根据需要和需求开始的。从设计方案的假设看，需要的提出不仅可能出自商业企业和设计师，也可能是新科技成果和市场调研的结果。有了消费需要和消费指导，还应有愿意将这种消费需要谋划成设计任务、制成产品、进行市场运作的企业。具备了上述前提条件以后，便可以确定设计活动的目标。

其次，掌握特定设计任务的相关信息与资料，对相关产品与设计活动收集资料，这是设计师进行设计活动的基础和前提。通常在设计方法讲授的时候，主要进行的教学任务有在地文化、生态自然、市场信息、设计（产品）等方面的调研，以此掌握本设计任务最新的市场信息。市场调研直接关系到对设计任务的功能要求、形式造型、使用者趣味、销售政策、利益分配计划的制订和谋划，同时这也是成功进行设计的开始与终结。

一般情况下，设计市场调研主要从以下几个方面着手：（1）该设计的市场宏观经济运行状况调查，有关国家和地区经济状况、市场需求情况资料占有，全社会对该设计产品的短期与长期发展趋势。（2）该设计的市场需求和销售状况调查，着重调查消费者购买能力和所需设计的层级与品种，包括消费群体的共性需求与个性喜好、购买动机与水平、购买能力与流行趋势。（3）该设计类型的历史和现状调查，掌握特定设计的发展历史，确定设计方向；了解同类设计的现实市场状况，包括使用、生产、结构、材料、技术性能、成本价格、广告、营销等方面的信息。（4）该设计同行业状况的调查，针对设计同类型产品的企业进行设计能力、生产规模、生产能力、材料来源、价格因素、销售情况等调查，并将收集到的情报进行必要的分析、归纳、分类、整理，提出科学的调查分析数据，作为设计方案的参考。

最后，明确设计任务。有了消费需求和可靠的市场调查资料，便可以设定设计的各项具体指标，一般都是用较为详细的设计任务书的方式加以确定，来明确设计任务。在设计任务书中起支配作用的参数、数据占有相当大的比重，特别是与设计有关的一切数据和情况都应填写清楚。

设计构思与表达过程

按照设计委托方或课程要求，承接设计任务的第一步是设想与构思。

首先，消化设计任务书和阶段性课程的要求，充分发挥设计学生的主观创造性，在收集资料的基础上，可以引导学生预构各种设计方案。在设想与构思过程中，要求设计学生做到思路宽广，有时还要超脱于自己知识面和经验的主观约束，超脱于一般工艺、材料的客观约束，打开设计思维与创意想象的宝库，去思考设计任务实施的诸多可能性。

其次，将设计创意和想象落实到概念设计阶段。真正的概念设计不必拘泥于具体的微观细节，可以采用勾画大量草图的形式，快速将设计预案表现出来。必要时还可采用各种简单的卡纸模型制作形式，来进行设计理念的立体呈现。通常的做法有手工概念模型，只要简要表达构思的概念即可。也有结构模型，主要表达有关设计产品的外部结构和内部结构的设计思想。还有体块模型，更多地表达有关外在形式的设计思想，体现较为宽泛的形式自由度。

最后，就是择优图绘的表现形式。在所有预构的设计方案中，择优选出适合优化、细化和实施的最佳方案，绘制出详细的效果图、工程示意图和工艺制作图。这一类设计绘图方法，既可以是人工手绘，也可以是借助电脑软件，或者以人工手绘与电脑图绘相结合的方式，将设计方案完美地呈现出来。

　　　　　　　　第四章　设计实务的方法与程序

设计方案验证与修正过程

这一过程主要针对设计方案进行进一步的分析和试验。对优选出的设计方案进行分析。侧重于分析设计方案是否违背科学原理以及满足设计任务要求的程度。通常情况下，教师或设计总监会采取原理分析、功能分析、强度分析、价值分析、人机因素分析、模型验证分析和审美分析等程序，对设计作品展开评价。然后，对设计方案进行修正试验，这种验证既可以是技术的，也可以是美学的。可以通过微调整设计方案和通过模型分析进行。因此，几乎所有的设计方案，在提交之前，都会制作模型、样机或样稿，按照设计任务要求逐项验证。

设计方案提交与组织实施过程

优秀的设计方案经过严格的验证以后，还需经过多次修改与完善，才能确定为最终设计方案。提交最终设计方案时，应该同时提交设计说明书。设计说明书的内容，包括设计目的、要求和全部技术条件，必须附上最后定案的设计效果图和设计模型。就如建筑设计完成后，还需要结构设计、品质控制设计，像附详尽的安装使用说明书一样。由于设计门类的广泛性，不同设计的要求也会略有差异。

设计方案提交后，负责任的实际上一般会跟踪设计方案实施的流程，包括配合企业工程师编写生产流程表和生产指示书，绘制具体的设计施工图和零件工作图，这与工业设计、环艺设计和室内设计中的局部节点详图颇为相似。最后的加工生产与制作，本身不属设计工作范畴，但在设计方案实施过程中，可以进一步检测设计方案的合理性与正确性，发现问题及时修正与改动，因此，某种意义上说它也是设计过程的延续。

设计的市场化过程与设计反馈（服务设计）

设计任务完成后，设计师的任务其实并没有全部完成。我们还要通过设计信息反馈，对设计任务进行最终的评价。设计产品如何投放市场，投放市场的时机、价格定位、广告策划等都是销售工作的主要任务。虽说这些工作需要大量的辅助人员来进行，但是设计师从中应该发挥重要作用。特别是设计师在设计某件产品时，必须对产品的未来做出预测并提供必要的数据和资料。同时，销售过程中必须迅速收集消费者的反映，及时调整设计与生产，这也可以说是验证过程的继续。

知识产权保护与专利申请过程。目前国内对设计师劳动成果保护的法令还不够完善，在某些设计领域由于知识产权界限相当模糊，一时还无法做出客观与正确的判断。譬如，服装设计的所谓原创设计是否应该得到保护，如果保护，又怎样处理好与时尚流行的关系等。当然，技术性较强的某些设计产品必须申请专利保护，只有这样工业设计师的知识劳动才能得到尊重，同时也是对设计的报偿。因此，重视必要的在一定领域的产权保护和专利申请也应该归入设计工作。特别是有关专利与知识产权的知识是设计师必须掌握的常识。

我们以前将设计任务完成后，收集社会反馈，称为设计意见反馈，在今天的语境中就叫作服务设计。所谓"服务设计"，就是以为客户设计策划出一系列易用、满意、信赖、有效的服务为目标的，广泛运用于各项为设计成果验证服务的辅助措施。服务设计既可以是有形的，也可以是无形的。服务设计将人与其他诸如沟通、环境、行为、物料等相互融合，并将以人为本的理念贯穿于始终。所以，一位成熟的和有社会责任感的设计师在其设计产品社会化的过程中，应该主动承担起与市场部门的联系，及时收集市场反馈情报，观察和研究消费者对设计产品的消费情况、购买数量、购买反映、产品使用、产品生产占有率等信息。通过这些情报收集、信息反馈能够印证设计方案是否成功，还有哪些方面需要改进，改进措施如何实施。如此循环往复，从设计任务、设计方案、设计实施、组织销售的过程，又重新回到设计过程，形成了良性的设计方法论的程序系统，促使设计任务从设计、生产和销售水

　　　　　　　　　第四章　设计实务的方法与程序

平不断提高，不断走向程序化、科学化和情感化。

第二节
新技术发展开启设计语言、符号、模式的创新时代

宗白华先生曾经指出："过去一提美学就是艺术，艺术中当然有美，技术与美似乎没有关系，其实，技术也可以是美的。我国技术与艺术的结合就更不够了。懂得美学与艺术的不懂得科学技术，懂得科学技术的又不懂得美学和艺术，你缺一条腿，我缺另一条腿，你干你的技术，我干我的艺术，所以，设计的产品要么不好看，不招人喜欢，要么就过于华丽、装饰累赘，摆着虽然也好看，但是，用起来却不方便。这个矛盾怎么才能解决好呢？外国早就注意并研究了，也取得了很好的成绩。而在我国过去没有足够的重视，研究者很少，很不够。"他接着说："时代不同了，时代总要提出新的课题，现在的人造物大量是机械化的工业技术产品，怎么使技术与艺术两种因素结合起来呢？这是一个具体而又细致的新问题。你要把这两种因素结合在具体的物上。为什么有的产品美，有的不美呢？这里总还有一个美的规律问题，总结现代物质生活和产品的经验，找到美学上的规律，再指导人造物的设计。这个学科急待研究而又不能着急，要扎扎实实地研究。"[2]宗白华先生的观点说明技术发展推动设计产品的审美，相关论点，虽然已经时过境迁，但宗白华先生关于设计美学的观点对今天的设计实践仍然具有很强的指导意义。就设计方法论而言，问题导向的前提是理论观念，设计美学是设计实践的指导。

1.创新思维已经是人们认识新世界、改造新世界的主观动能。现代设计

诞生以后，所创造的物质和精神财富，都是现代人依附于科学技术的发展，在生产实践活动中通过人的创新性思维而创造的。正确的设计思维方法由正确的设计方法论指引，可以使人更好地掌握现实客观规律，满足人民群众追求美好生活的向往。设计方法论一个重要特点就是综合性、时代性与专业性的结合。所谓专业性，离不开一定的设计门类载体和具体的设计项目任务，通过问题意识的思维导向、科学的认识活动、合理谋划方案，得到设计任务的完善和合理解决。

2. 数据占有对设计方案制订和设计创意起到关键作用。大数据时代预示着数据将成为人认识、记录和分析世界的基础，甚至成为国家的战略资源。工业设计中大量采用神经扫描技术，为产品设计提供准确的技术参数，大数据为产品销售提供消费群体的技术指引，这都极大地影响了设计行为。设计活动正是思虑、概念、规划和意图的创造性产出，面对艰巨的设计任务如何发现问题和解决问题？如何在已有设计成果中发现他人的不足、改善本设计的设计品质，其中蕴含着对设计构思、设计过程和设计方案结果的预期。大数据和智能化正使某些设计前期思考方法，由过去凭经验和直觉的主观转变为相对客观，这其中数据分析发挥了重要作用。大数据的获取、储存和分析方式使世界之间的联系从因果关系转变为相关关系，对数据的占有也一定会成为国家影响力的标志。为使设计预期方案的可控性更强，数据查询和运用成为设计程序中不可或缺的重要环节。与此同时，智能化作为技术支撑，在设计中的运用将使消费用户成为设计方法研究的重点，社会学与人类学等人文社会科学在设计方法理论中的重要作用被凸显。

3. 做好设计当然需要创新思维，这也是确立正确方法论的关键。从"为什么而设计"的问题导向入手，进入"为谁而设计""如何设计"的追问。如何驱使设计学生创新思维的生成、发展与表达？设计方案形成前的设计创意更是离不开创新与创造，设计活动不能单凭过往的经验和直觉，也不仅仅是设计造型，创新思维需要科学思维做引导，对设计形式、功能和消费做综合性考量。尤其是进入智能化和大数据的科学时代，设计学科交叉与融合已经成为设计未来的必然选项，数学、物理学的高度抽象，非欧几何、拓扑学的时空统一，都使各类设计艺术处于一个重新构建造型语言、符号、模式的时代，特别是电脑辅助软件的广泛使用，以及从 3D 到 7D 虚拟技术大量运用于设计表现操作，为各种可以通过电脑虚拟描绘的经典型、经验型、直观型，乃至情感趣味造型的设计提供了可能，并为信息技术时代传统图形艺术带来巨大冲击。通过电脑的技术渲染，将许多不可能变为可能虚拟现实，带来了"元宇宙"的话题，设计艺术之抽象与艺术感知的直觉通过模拟交融在了一起，为新的设计方法论研究开启了新的视野。

电脑辅助设计突破了传统设计的认知领域，设计进入信息化、智能化后现代社会以后，某种程度上说，削弱了设计师通过手工操作绘制设计方案图的能力，使得设计的底层工作出现大众化趋势。电脑本身强大的数据库，促使设计师可以随时调阅海量设计图形，模糊了设计与非设计的界限。即使没有经过传统视觉造型语言训练的人也可以利用计算机键盘的跳跃，领略到艺术生命的冲动，进入了人人都可以成为设计师的时代，也影响了人类设计活动的思维形式。电脑的出现，对传统手工业时代的设计思维和机械文明时代的设计思维形成了巨大挑战。但是运用抽象思维的方法，认识事物本质属性，并运用联想去创造性掌握设计的规律，设计出符合现代人生活需要的产品，仍然是设计活动的主要思维形式。

第三节
设计方法论面对前沿理论的遵从与困扰

从设计问题导向入手的设计方法论，离不开对社会政治、经济发展和前沿设计理论的把握与理解。进入 21 世纪，国际社会面临着许多不确定性和新的不平等竞争，社会思潮碎片化和民族极端主义倾向持续存在，自然生态和环境遭受破坏，极端利己主义不断侵蚀着社会凝聚力和既有机构制度的公信力，将国家与国家、人与人推向危机的边缘。虽然，数字通信、人工智能和生物技术进步蕴含着巨大的商业潜力，可以从根本上改变人们的生活、工作、交际、处理知识和学习的方式。某些颠覆性技术既为改善人类福祉开辟了广阔前景，又引发了严重的伦理、社会和政治关切问题。2021 年 11 月召开的第 41 届联合国教科文组织大会发布了"教育的未来"倡议，并出台了作为该倡议的背景材料——《学会融入世界：适应未来生存的教育》报告，呼吁围绕地球未来的生存来重构教育。

这份报告中的七个教育宣言一经发表，马上引起了各界人士的高度关注，将其视为未来教育发展的风向标。这些报告勾勒出 2050 年以后的教育，覆盖了许多重要的关键词，如科学重构、角色重塑、宏观价值和教育本质等。所谓的"学科重构"，指称的是"人文主义"与"生态正义"；角色重塑主要阐述的是"参与者、创造者、塑造者""相互依存与相互联系""生态系统与人类定位"；宏观价值则宣称的是"多元共存与宇宙政治"；而教育本质倡导的是"教育实践与物种正义"[3]。尽管有关论述还没有经过检验，也无法得到验证，但我们仍然可以从中窥测 2050 年以后的教育发展，特别是设计教育作为前瞻性思考，设计可以改变一切，设计院校不得不重视已经由过去单一技能层面培养逐渐转向以专业为基础的社会关怀、探讨和问题导入意识的思考，未来社会尤其需要既具有社会责任意识，又能通过设计思维与方法和设计需求进行对接的综合性、包容性人才。人文主义、生态正义、多元共存和物种正义，这些听起来有些陌生的词语，实则是设计观念的导入，结合设计伦理的反思，未来设计需要考量对前沿理论的把握与理解。同时由于前沿设计理论话语权始终掌握在西方发达国家手中，问题的两面，又衍生诸多困扰。

1. 技术理性至上与传统伦理的相容与背离。通常情况下，设计伦理一般会对技术创新有所阻碍，但同时为了符合社会伦理的需要，也会加速设计呈现技术的革新速度。第二次世界大战后西方最重要的设计理论家之一维克多·帕帕奈克，在他的著作《为真实的世界设计》中，首次提出设计伦理问题。伦理与技术革新之间可以相互推动，但它们更多时候却是相互"拉扯"的，设计物、技术至上和社会环境的相互依存关系，就涉及设计伦理问题。科学技术发展到一定程度，将不可避免地面临与社会道德、伦理产生冲突，沿用传统的人文伦理观，将在一定程度上牵制和阻碍科学的进步与发展。维持设计哲学的道德标准，将技术力量看作"善"的力量，并创造性地进行新的组合，从而使技术的"善"不被当作"恶"的力量去利用，更大程度上反映设计实践为人民美好生活所带来的福音。如果涉及诸如人体器官移植和时尚设计（尤其是形象设计和美容），能够从人工智能新技术的角度入手，用新技术、新材料去攻克人类社会普遍存在的道德伦理制约，或许是科学技术进步与理论伦理问题最好的解答。由此可见，技术进步与设计伦理的关系是复杂的，既不能单纯、片面理解其中的某项技术指标，技术对伦理的悖论也不能一概而论。

近几年来，综合艺术领域的新技术应用案例，为受众提供了耳目一新的绚丽画面。譬如，2022北京冬奥运会开幕式大规模采用人工智能的精彩呈现，诸如"新3D全息投影实时转播技术"和虚拟景象的模拟，使得观众更全面、更个性化、更身临其境地感受到了国家的强盛和伟大，设计的互动性和参与感也更强。更有相关商业设计和城市综合形象展示领域，已经广泛使用从二维到三维，甚至是七维的视觉推广视听效果，带来受众的全新体验，产生了所谓"全因素设计"。但是，不可否认，技术至上的弊端已经显现，完全依靠技术渲染的设计方法，因缺少人文的情感而过于理性化，也可能反而会走向设计形态的单一化。甚至，因为借助智能化的电脑，为了迎合单一审美，设计物又变得视觉"平庸"，最终使设计创造力逐渐消磨。这就如同传统工艺美术领域的雕刻技术，在追逐利益、提高效能的同时，运用电脑雕刻机，消磨了原本传统手工艺人手工雕刻的技能技巧所承载的精神品质。虽然，产量和精细度提高了，精神却被悬置了，物品变得毫无生气，反而违背设计审美和设计伦理。

2. 设计流行体系的主流价值观与设计话语权的再强调。如何从先锋设计理论发展的角度和设计方法论的视角看待设计？不同时代的各门类设计无不为设计流行所困扰。从手工艺运动、装饰主义到新古典主义，从现代主义到后现代主义，再到极简主义和高技派设计，设计潮流始终是伴随着技术进步的一个善意的"阴谋"，始终是从上而下追寻设计流行的阶梯。谁把握设计话语权？话语权始终是由发达国家的设计上游所决定的。事实上，由于不同国家、民族和文化区域的审美习俗不同，设计的绝对话语权是不应该存在的。美国设计批评理论家维克多·帕帕奈克在《为真实的世界设计》一书中曾经阐述了一种观点，他认为非发达第三世界国家，过于迷信那些知名设计师。其实再好的设计师对第三世界国家设计项目的蜻蜓点水式的介入方式，如同隔靴搔痒，不可能拿出既根植于在地文化、又能够契合设计潮流，并真正能够解决问题的方案。当设计师无法花费一定的时间和方法，将自己和自己的设计思想融入设计方案的创作空间、场域关系和社会文化当中时，再豪横的设计终究是"盆栽"，也必然水土不服，类似的设计案例举不胜举。特别是环境艺术设计中场所精神和场域伦理的考量，才是优秀设计能否真正"落地"的合理支撑。

3. 我们所强调的"伦理"包含着普遍的社会伦理。其中包含了民族信仰、生活习俗、地域文化、经济水平等因素，一定的文化体验、情感体验、审美体验和效能体验同时囊括在对设计伦理的思考当中，最终当然也包括作为设计受众人群的接受。在以"人—产品—场域"所构成的设计系统中，考虑主体的"人"和"物"与"环境"的相互关系，"人"的因素起着主导作用。当然，人在设计中的考量因素是多元的，设计用户只是人的组成部分，单纯以"用户"为核心的设计和设计活动并不等同于全面的以"人"为中心的设计和设计活动，也不是对"设计是为人服务"的最好注解。因此，回归到对设计本质和设计的终极目的的思考，首先要想到的其实是，设计的本质既是人，也是自然与生态。按照联合国教科文组织发布的《学会融入世界：适应未来生存的教育》报告所言，人类最大的挑战是人与大自然的关系挑战，生态正义的理解在此就非常明晰了。这恐怕才是设计如何实现真正意义上的"生态正义"和"物种正义"的关键之所在。

4. 设计方法应该避免割裂和孤立化倾向。设计是造福于人类的伟大工程，设计也是研究与对象世界的情感价值关系和人的审美活动规律的实践活动。任何设计都是在人与环境的相互作用中寻找协调和妥协的方法。任何设计方案的选择也总是与一定目的、用途或功能相联系。所以，设计方法不能把各种形式要素与功能内容割裂开来，这就如同将设计之美的认识分割成形式美、质地美、色彩美等孤立的概念。尤其是如何评估设计方法创新的整体价值，不能用各种流行术语的拼凑和组合来完成设计方法论的创新。建立设计方法论的创新教学体系，重点提出问题导向的设计方法论教学，其实并不反对系统论的研究方法。设计本来就是注重事物组成要素的相互联系和作用工作。在运用设计分析方法时，不是简单地将整体化解为零散要素，而是注重各种要素之间的相互联系和转化，避免割裂和孤立化，以及对设计方案整体的效应评价。

注释

［1］[英]布赖恩·劳森.设计师必读[M].龚恺,
　　译.南京:江苏科学技术出版社,2007.

［2］宗白华.美学与意境[M].南京:江苏文艺
　　出版社,2008.

［3］[澳]阿弗里卡·泰勒,[加]维罗妮卡·帕
　　西尼-凯奇巴,[澳]明迪·布莱瑟,[美]
　　伊维塔·西洛瓦(林逸梅).学会融入世界:
　　适应未来生存的教育[J].冯用军,何芳,刘凤,
　　译.陕西师范大学学报(哲学社会科学版)
　　2021年第5期,第137-149页.

第四章　设计实务的方法与程序

第五章　环艺设计问题意识导入之"设计方法论"

　　如何在设计教学课程体系中授之以渔？设计教育应逐渐走出过往偏重于传统设计技法训练，夯实综合人文、技术、美学的素养，注重学生由感性而理性深入设计场所实地调研的能力和做出分析判断的能力。为此，"设计方法论"课程的设置，以及做好相关领域学术研究不仅为环艺设计本科课程设置增添了新的内容，拓展了学生的知识范畴，并且有助于更新教师队伍的知识框架，促进学术研究水平的提升。

第一节
设置"设计方法"课程目的意义

目前，国内的设计实践比较多地集中于设计客体的物质表象，从设计形式、功能、市场到产业链，而设计的社会背景思考在整个设计教学当中相对缺失。设计电脑软件辅助技术的广泛使用和不断增长的产业需求，导致设计方法设计方案类同化。经济交流全球化趋势必将使各行各业都发生重大变化，关于设计教学的架构和设计范围研究事关未来设计实践的表达。在设计领域，由于经济转型和专业范围内竞争的压力，许多设计企业正在重新建构实践模式：为提升设计企业或设计师个人的竞争力和独特性，深入挖掘设计内涵与社会立场的理念逐渐进入教学视野。对于设计教学而言，目前亟须加强设计标的、企业和专家的合作关系，与时俱进地丰富本科设计基础教学内容，通过教学实践与研究进一步深化在设计方法论体系的指导下如何组织教学、提升教学质量，共同完善有效的产、学、研一体化设计教学系统。对于学生设计来说，当务之急是在夯实专业技能的基础上拓展社会视野，思考设计的内在因素，掌握实操性的设计调研方法，将设计师的角色放在不断变化的社会环境中去考察，发掘思想的潜力，形成实践领域里设计师表达设计的独特性。

和其他单向性和专业性更强的专业相比，环境艺术设计的研究包含更为广泛和多元的研究对象与方法。本书对于环境艺术设计方法论的探讨是基于"设计方法"课程教学实践的，此课程设置的目标是希望借鉴其他诸多学科的方法论研究成果，将其转化成环境艺术设计综合语境下的创新研究范式。课程要求将理论讲授与实践教学相结合，提倡问题导入"研究式"设计的总体思想，帮助设计专业学生探索设计过程和方法的多样性。作为将来进入社会的设计从业者，设计学生需要培养一种批判性的眼光和理解能力，重新审

　　　　　　第五章　环艺设计问题意识导入之"设计方法论"

视设计作品和实施过程中方方面面的基本问题，以便能用最优化的途径来解决设计项目中出现的矛盾。"设计方法"课程即为培养这样一种基础性的思考问题能力而设置，以使学生在本科学习阶段就掌握一定的设计方法，思考方案设计与研究方式，并和其他设计专业核心课程有机地结合，有助于设计学生形成自我完善的设计方法论、价值观和美学观。

"设计方法"课程基于设计方法论体系的实践要求，主要是在环境艺术设计专业范畴内，尝试建立设计方法论教学意识和课程体系，为将来的设计专业课程改革做铺垫，教授学生一些具体且易于实操的设计、调研与表达方法。明确这门课程的性质，并不意味着研究过程的结束，作为一门环艺设计专业课程，教学的质量与效果需要在三年左右的时间里经过反复验证与反馈。因此，设计教学实践也是资料收集过程、设计思路形成和设计方法研究本身，目的在于论证引进的西方设计理念如何根植于本土，以及在本科阶段设置设计方法论课程的合理性。

第二节
设计价值导向再认识

身处大数据、智能化的后工业社会，学生、教师、行业三方都需要及时转变思路，以应对科学技术发展、经济转型和行业内部竞争导致的体系性知识升级。原先的设计行业甲方乙方服务模式，已不再适应目前社会环境下重视交互设计、设计服务和服务设计的设计业发展。为提升设计企业或设计师个人的竞争力和独特性，深入挖掘设计的内涵与文化价值观逐渐成为设计教育中的主导话语。说到底，设计问题实则是文化问题，设计除视觉表象因素外，核心研究内容实际上是对社会学、伦理学的解读，某些价值观的确立在设计教育阶段就应该开始了。这就如同城市设计中：设计活动更是围绕着人而展开的，真正的设计不仅是对人的关怀，更是对社会的一种态度，反映出的是城市主导者的文化立场，以及对待城市功能定位与发展的价值观。[1]而设计方法就像一个万花筒，为设计学子拓展了观看世界和广阔的社会空间的不同视角和维度，更加关注到空间中不同"人"的需求，让环境艺术设计超越"空间装饰"的游戏切实地落到了大众生活里。通过这样的设计思维引导，让学生对于专业的理解以及自我角色定位上升到了新的高度。

　　"设计方法"课程的价值导向是建立在空间环境的社会性与在地性基础上的。鉴于中国设计学者已经将设计问题与中国哲学思辨结合起来尝试建立设计话语体系，其中涉及社会文化背景的综合探讨，相关设计教学实践及研究将在现有成果基础上进行创新性的拓展。一方面，广泛搜集国内外最新设计方法论教学实例将其纳入教案；另一方面，以西方思想家与社会学家亨利·列斐伏尔的社会空间生产理论为基础[2]，向设计学生普及关于空间的非物质性生产方式——社会关系的生产与消费是如何与我们生活的地理空间相互影响的，并找到设计的切入点以及设计师的角色定位。而无论是西方的设计案例或理论思想，都将为设计方法论研究话语体系在我国建立所用，最终在本土语境中根据特定的历史文脉或社会经济条件，衍生出一套讲好中国故事的设计方法及哲学。

　　　　　　　第五章　环艺设计问题意识导入之"设计方法论"

第三节

设计教学目标

基于问题导向的"设计方法"课程，希望通过教学达成以下目标。

第一，扭转以效果图为导向的传统设计方法，建立以问题为导向、思考需要解决的问题为中介、注重设计过程展开的创新设计方法。在以往的环境艺术设计教学当中，学生普遍习惯于通过了解实体物理空间图纸、浏览优秀设计师或学生作品找到参照系，把握设计流行趋势与风格，从而满足设计的基本要求。然而，高校需要培养的是具有创新思维的高层次设计人才，需要培养学生透过表象探究问题本质的能力，发现现实问题，并能解决问题，从而设计出既真正符合现实生活中大多数人的功能需求，又能显现独特审美趣味的环境空间（产品）。

第二，弥补学生面对设计前期调研的迷茫，教会他们深入设计的调研和表达方法。在学生还未掌握相关的设计调研方法时，每每拿到一份任务书便快速地进入设计草图或建模阶段，最后的设计作业往往始于参考、终于借鉴，对于真实的场地与在地历史文脉和人文研究几乎是缺失的，陷入如前面所说的以效果图为导向的设计。在学生掌握了"设计方法"课程教授的一些切实可操作的调研与分析工具后，他们能够对真实的场地产生探究和调研兴趣，从而学会以专业的视角看待日常生活空间，寻找场地赋予的特殊的场所精神，进而发现通过设计来解决现实问题的途径。

第三，填补环境艺术设计专业本科教学大纲中关于设计方法及方法论教学的空缺：从室内设计领域出发，以国际视野倡导一种较为先进的"研究式"设计方法，推翻以成果表现为主导思维的教学模式，建立以设计策略为主导思维的创新教学模式。从空间、人、环境和功能的多维角度思考解决问题的方法与表达，并涉及设计伦理与设计责任的思考。

可以说，本书即是基于新增的"设计方法"课程而展开教学实验，以补充设计教学实操方面的指导性积累材料，以推动国内设计方法论教学的建构。作为环艺设计专业的一门兼具理论与实践的课程，它将设计方法与方法论的学习与训练从环艺设计专业核心课的内容结构中独立出来，形成一门专修课程向学生系统性讲授，提早在进入高阶层专业课前培养学生立足实际掌握创新设计思维和设计方法。对综合性大学环艺专业的学生来说，该课程的教学实践与研究，将开发、完善系统性设计方法论教学的内容，填补了相关课程的空缺与不足，为之后的设计教学课程改革做铺垫，为培养适应新时期的专业设计人才、不断提升教学水平积累经验。

第四节
设计教学思路与方法

关于"设计方法"课程的思考，得益于笔者多年来在国内外著名设计院校学习和研究的经历。无论是在中国美术学院建筑艺术设计专业学习的五年中，还是在英国谢菲尔德大学建筑系攻读硕士学位之时，包括在比利时安特卫普皇家美术学院访学期间，乃至读博期间，笔者自始至终关注设计方法论研究。自留学英国起至今，不断前往欧美和亚洲各国进行设计考察、参加国际建筑设计论坛并发表演讲和论文成果。通过多年来的观察、记录和比较研究，为本课程教学国外发展现状研究累积了大量的第一手文献和资料，并在国际设计界与学术界积累了一定的学术人脉。通过实地调研英国、法国、比利时等国多所设计院校，参与实际教学活动，考察其设计教学模式与设计方

　　　　第五章　环艺设计问题意识导入之"设计方法论"

法论课程开设情况，不断归纳、总结、反思，逐步形成了自己对于设计方法论的独特理解，为课程教学课题研究累积了翔实的实证案例和资料。

尽管对"设计方法"相关教师已经有所涉及，并融入自己负责的设计课程中，但每一门课程内部围绕"设计方法"的教学内容比重仍然较轻。尤其是面向不同年级层次，无法形成完整的体系性教学。为弥补这一缺憾，在有关领导和同事的支持下，作者申请新增一门"设计方法"本科课程，主要面向环艺专业二年级学生，同时也向美术与设计学院的全专业学生开放选课。从什么是"设计方法"入手，在开课前的准备阶段制作了结合大量一手资料与教案的幻灯片、讲义、图片集与视频资料。在授课过程中，将设计理论与实证案例讲授与学生课外调研充分结合起来，平衡抽象理论与设计实践的比重。同时，课程邀请跨学科的教师做讲座分享，邀请环艺专业研究生作为助教，辅助任课老师讲评学生的实地调研成果。"设计方法"课程在课堂中完成从理论讲授、案例与工具分享、学生实操与反馈的整个课程形态，任课教师对课程进行了完整的资料收集与记录，构成课程研究与教研项目的试验期与巩固期。

"设计方法"这门课程的教学目标是借鉴其他诸多学科的方法论研究成果，通过教学实录进一步把握该课程的行进状态，将其转化成环境艺术设计语境下核心课程相一致的教学方案，提倡一种在综合性大学设计学科中本科生"研究式"设计思想，倡导和帮助学生探索设计过程和方法的多样性。对于学生来说，新时代的设计命题是在夯实专业技能的基础上拓展社会视野，了解并掌握广泛的设计调研方法，培养表达设计创新的思想，以及用批判性的眼光重新审视设计产生与制造过程中的综合问题，将设计师的角色和视野放置在不断变幻的社会环境中去重构与塑造。

第五节
课程主要教学内容

  环境艺术设计呈现技术上不断出现的重大改进，以及设计方法上的不断创新，意味着作为一名设计学生将在学习过程中面对多样复杂知识体系的拷问。就教学而言，要求学生掌握必要的设计理念与可操作性工具变得如此急迫且具有挑战性。强调课程的前期调查与研究，就是需要有意识地从大量信息中筛选出有用的部分，进行分类、梳理和分析。"设计方法"这门课为学生系统梳理出本科阶段需要掌握的基本设计理念、方法和最前沿的跨学科思维。理论教学内容包含六个部分：设计方法与方法论、场地调研、响应场地、模型制作、参与式设计、图表制作与跨学科设计思维，总计 40 课时；另外14 个实操课时要求学生结合专业核心课作业内容使用调研工具，进行实地考察、深度探索设计作品的社会背景及意义，课程形式以教师授课与师生互动讨论结合为主。使得理论讲授与实践教学结合穿插于整个课程当中。

  对于环境艺术设计本科二年级学生来说，专业基础尚显薄弱，面对庞大复杂的专业知识体系显得手足无措，因此教案的设计尽可能简化相关概念的纯理论表述，在初始阶段以图片案例引导学生主动思考"设计方法等于设计风格吗""设计方法在未来设计工作中用得上吗"等问题。除了"认识设计方法与方法论"外，"场所精神与场地调研""参与式设计""跨学科思维"等是教学方案的重点，以此组织起较为翔实的教学内容。场地调研主要讲授8 种具体的调研方法：观察法、半结构化访谈法、问卷调查法、头脑风暴法、数据对比分析、人物画像、故事板、时空路径图；前四种方法属于数据采集方法，后五种方法属于数据分析方法，配合之后的设计图表案例讲解，设计方法的讲授覆盖了从实地考察、调研数据整理与分析到图面表达方式的全过程链。听完理论授课内容后，学生即分组前往教师指定的样本场地运用工具展开考察，鼓励主动发现问题或提出问题，以达到批判性思考训练的目的。首先，综合考虑不同学生的不同能力水平，规定小组人数为 5~7 人，并需求组内成员素质能力多样化，包括执行力、领导力、制图能力等。其次，要求做好调研前的准备工作，包括头脑风暴、调研工具收集等。调研过程中，需做好数据归类与工作纪要；调研后期对数据进行整理分析总结，即数据可视化，进而逐步完成一份内容丰富、逻辑清晰的调研报告。课程后 3 周为师生互动讨论阶段，教师对小组调研进度进行有针对性的指导与研讨。

强调学生小组调研进度，进行有针对性的指导与研讨的方式，学生得以在课程当中对样本场地进行实地调研与分析，运用所学及时反馈教学成果，从本地文脉的视角深度体会设计的意义与本质，是"设计方法"课程中非常重要的环节。在 2020—2021 学年秋季课程中，样本场地由教师指定了深圳市四处各具本地特色的城市空间：工业遗存改造的文化艺术社区"华侨城创意文化产业园"；曾经的渔人码头现在的市井社区"蛇口老街"；城中村旧改的新兴都市生活社区"大冲新城"；坐拥腾讯、百度等高新技术企业的产业孵化示范区"软件产业基地"。正因为四个样本场地既具有中国城市现代化建设的普遍性特征，又带有深圳历史发展与改革开放的特色痕迹，学生对场地的理解得以从城市空间物质性表象的一般特征追溯至当地的发展历史、人文特色、生活方式或审美偏好等构成社会空间的非物质性要素。

其中，当时的二年级环艺专业学生组队完成的"软件产业基地 A 组"调研报告，对场地进行了基础调研，包括历史背景、地理区位、周边及交通条件、基地定位、园区规划、功能分区。以往学生作业中场地调研大多止于此，而对于"设计方法"课程来说，这仅仅是开篇。随后，学生选择了其中四种方法——观察法、问卷调查法、半结构化访谈法、故事板进一步展开了场地调研。观察法得出了"现象时间轴"，分析了软件产业基地在一天中不同时间段的人流量、交通工具与行为活动。通过筛选信息，学生主要关注到餐饮设施不足、公共广场利用率低、报刊亭无人问津的问题。紧接着，问卷调查主要面向基地工作人员、行人、工人派发，问题包含年龄、职业、通勤时间、就餐选择等。通过问卷调查，学生总结出经常活动于基地的人群主要是 20~35 岁之间以本科学历为主的创意阶层以及部分服务阶层，来基地的主要目的是工作，在基地的时间也绝大多数为工作日。同时，基地交通通达度较好，交通方式多样，但设施功能多样性和功能吸引力满意度较低。结合半 / 非结构化访谈与以上方法，学生创作了故事板，描绘了标识设施、广场空间、娱乐设施与休息空间的小场景。基于以上，学生最终提出了"创意报亭""交流空间优化""休息空间优化"的三个设计策略并配合国外案例分析，完成了颇有深度且充分反馈学习成效的调研报告，为下一步设计方案提供前期文献和观念提出了参考。

注释

［1］李超德. 设计的文化立场 [J]. 艺术设计研究，2015, (01): 85–87.

［2］Henri Lefebvre. The Production of Space (D. Nicholson–Smith, Trans.): Blackwell, 1991.

第六章　环境艺术设计专业调研方法

　　"基于研究"（research-based）的设计方法，是从场域和场地设计调研开始的。"研究式设计"是自20世纪90年代开始盛于荷兰建筑界的一种鲜明而具有系统性的设计模式与方法，主要包括两类：一类是"Design by research"，即在设计开始前通过研究得出依据进而引导设计；另一类是"Research to design"，即在设计过程中通过研究来探讨设计的多种可能性（见表6.1）。"研究式设计"作为一种理性的建筑设计方法论，指引设计者沿着挖掘问题—分析问题—完善设计程序—解决问题的路径展开设计，它有助于设计师积极有效地应对现实问题，为建筑作品提供更具逻辑理性的实证依据。[1]

表 6.1　"研究式设计"的两种类型对比

"研究式设计"的两种类型			
	发生阶段	应用程序	与设计的关系
Design by research	开始前	场地分析 信息收集	引导设计
Research to design	进行中	可能性探讨 方案形成	设计可能性分析

　　（资料来源：艺术学科背景下的建筑基础教学——基于"研究式设计"的建筑设计教学改革，王少斌，侯叶，2020.）

第一节
场所精神主导下的"场地"意识

如果说工业设计的研究范畴是人与物品的关系，那么环境艺术设计主要的研究范畴就是人、空间与自然的关系，更具体一点是人与场地的关系。场地上总是会有大量的人类活动发生，因此大部分城市中的场地也是一种社会性空间。场地翻译成英文，可以是 location、site、place、venue、field 等多种释义。然而，每一种释义都不能完整涵盖环境艺术设计语境下的场地概念。如果将场地这个词拆分开来，"场"在物理学定义上指的是物体在空间中的分布情况，其中必然存在某种动态能量，而"地"则可以从字面理解为"地点"，即地理上确切的位置，类似于英文语境中 loci 的意思。正如物理学概念中每一种能量在"场"中的分布与运动都有各自的规律、大小和方向，从而维持一个场的正常运转。在自然界当中，人与空间的关系也是建立在一个人对环境各方面特征的定位与识别的基础上的，即空间是由所有自然或人工的特征构成的。诺伯舒兹从现象学的角度定义这种人与空间的关系为精神场所（genius loci），意为带有地方风气或特征的场所。[2] 而场所精神意味着由自然和人造环境组成的有机整体以一定的方式聚集了人们生活世界所需的事物，这些事物的相互构成又反过来决定了场所的特征。在诺伯舒兹的理解中场所本身包含空间与特性,两者共同满足人的精神需求即"方向感"和"认同感"。它们来自一个人记忆中有象征性意义的物品或发生事件的体验空间，能够唤起人对那个物或整个情境的共鸣，而这些意义都非科学解释能够赋予的。由此可见，一个场所的创造超越了物质维度，涉及社交、使用、活动、可及性、连接性、舒适和形象等方面，以创意的模式链接人与场所，人与人。

第二节
设计场地的历史空间与社会文化再生产

如前所述，场地是一种社会性空间，这一视角已成为后马克思主义理论在空间理论研究方面的共识。作为场地的空间到底是如何被生产的，在法国思想家列斐伏尔的相关理论中得到了详细的解释。本章节的意义在于尝试运用列斐伏尔的空间生产理论，通过辩证的视角试图超越物质表象来看待我们生活的环境，将场地视为一种社会空间，从而得以深入探究在地性历史文脉中城市空间的更新与发展。简单来说，作为设计学生及从业者，我们早已熟悉空间的物质性生产方式，即各种建造技术、材料、工艺、流程乃至整个产业链。而空间非物质性生产方式如何与我们生活的地理环境相互影响，这一议题在课堂上却鲜少被深入研究。

在列斐伏尔看来，（社会）空间是一种（社会）产物，是受历史与自然因素影响、跨越时间与空间的社会关系再生产过程。由此产生的空间不仅是一种生产方式也是一种控制方式，代表着某种统治性的力量。[3] 在这一理论中，空间生产的三个维度——空间实践、空间的再现与再现的空间互为辩证关系且一直处于相互转化的过程：空间实践（spatial practice）指可感知的日常生活物理环境；空间的再现（representations of space）指在资本主义生产方式及意识形态控制下的抽象空间，如技术官僚构想中的概念化城市空间；再现的空间（representational space）指"居民"或"使用者"在想象力主导下体验到的象征性空间（见图 6.1）。[4] 列氏意义上的空间生产，不仅代表了作为经济基础的物质商品生产、支撑相应社会生产方式的知识积累，还代表了"上层建筑领域即文化、政治、艺术美学意义上的空间的生产"[5]。而现实是，当各种概念化的空间构想理论、知识操控体系（空间的再现）逐

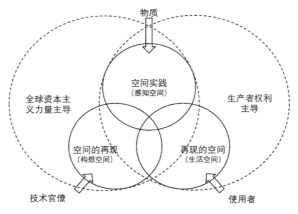

图 6.1 列斐伏尔三重空间原理（图片来源：作者自绘）

渐压抑了日常生活和社会空间的多样性，形成了脱离"生活体验"（再现的空间）的空间生产模式时，日常生活随之破碎且匀质化。[6]正如许多学者提出的，用现代主义城市规划的那些传统方法是不能够解决后现代城市复兴问题的，而需要依靠更多的自发性力量。

由此得知，空间的非物质性生产方式就是建造活动背后的社会关系和文化意识的生产与消费，它隐然对我们生活的城市空间进行着塑造并不断强化着生产方式所代表的意识形态。换句话说，（社会）空间的生产也是一个跨越时空的社会关系再生产的过程，因为城市文化的生产和消费总是与经济权力和政治权力交织在一起，这种特殊的意识形态是对现有社会生产关系的再生产和空间上的延展。因此，城市更新过程中的"文化"本质上也是思想传播的载体，就像新自由主义城市化或现代建筑美学的同质化趋势一样。尽管目前学术和实践领域大多关注到了城市空间更新过程中文化的重要性，但是对于"文化"的狭隘定义却阻碍了各种措施的进一步有效发展。换言之，官方话语在讨论文化政策时很少质疑"文化"的正统性（legitimacy）[7]，即"文化"在本土语境中究竟代表谁的文化。而在当代社会，某一群体的文化正统性的确立即代表了定义品位和引导消费模式的话语权，例如，"士绅化"[8]展现出的空间美化升级与商业形态组合就代表了中产阶层的审美与消费偏好。

第三节
综合方法

目前广泛使用的各类设计方法、设计调研、设计策略等理论书籍和教材都会尽可能罗列出几十种可应用的方法，或者深入介绍其中几种常见的方法。然而，在"设计方法"课程的教学当中，主要教会学生几种具体的、容易上手操作的设计调研方法，其中包含了对场地信息或数据收集与分析工具。本章节意在将每一种方法的概念、操作、适用情境以及运用范例进行言简意赅的讲解与分析。

头脑风暴（brainstorm）

1. 概念

头脑风暴法也称为脑力激荡法或奥斯本智力激励法，由美国创造学的创立者 A.F. 奥斯本于 1939 年首创，并在 1953 年出版的《应用想象力》中详细阐述。[9] 头脑风暴法的目的是在短时间内尽可能运用发散思维产生针对某一问题的多种方法，其优势在于可以打破常规和固有准则，使得创新的点子得以迸发于思维碰撞的过程。研究小组成员之间的头脑风暴可以不断激发彼此的联想，并用关键词写下来，而关键词会在其他成员脑中引发更多的联想，想法越多，产生有价值的见解的可能性也就越大，随后再将大家的见解进行分类整理进而梳理出推进工作的有益线索。

2. 操作

尽管个人也能随时随地进行头脑风暴的练习，但通常在小组有 5~7 名参加者的时候效果最佳（见图 6.2）。鉴于现代多媒体教具和数字学习工具的发展，头脑风暴的具体操作形式已不仅仅限于白板与白板笔，还可以是便利

第六章　环境艺术设计专业调研方法

贴、海报纸、Ipad 或可触摸式屏幕等任何足以让所有成员同时观察的媒介。想要开启一场头脑风暴，只需大致按照以下步骤即可：首先，集合所有小组成员入座并准备好多媒体工具；其次，选出一名主持人，把要讨论的主要问题写下来。然后，主持人可以引导各成员展开想象、鼓励任何创新的想法并帮忙记录下来；最后，通过梳理多种多样的见解评估最值得深入的方向，进而拟订下一步的工作计划。

　　3. 适用情境

　　头脑风暴法常见于英美国家大学中建筑与设计相关专业的课堂互动或小组讨论（见图 6.3）。一般来说，课程作业任务书下发后至分组完成，学生们集合开展第一次小组会议的主要议程便是进行"头脑风暴"，以便确认每位学生对于作业任务的理解和对设计主题的个人见解。因不同的学生出生于不同的家庭环境，拥有独特的个人生活体验，因此对于主题的看法也不尽相同。正是在这个脑力激荡、思维碰撞的过程中，背景、性格各异的学生展现出对于主题的不同的关注点，同时也使得某一主题得以从更多元化的视角被解读。头脑风暴过程中一个至关重要的原则是不要武断地否定任何人的任何想法，因为创意往往诞生于某些打破陈规和颠覆传统认知的瞬间。

　　然而，得到多种多样的见解并非头脑风暴游戏的终点，而是要寻找到最合适解决问题的思路与途径。因此，根据作业任务书的目标，组员还需评估判定最适用于本主题的设计研究视角。绘制出来的头脑风暴图表 / 图示有点类似思维导图，但不限于任何一种逻辑图形，如树形图、鱼骨图、矩阵图或时间轴，因为后者通常是经过逻辑思考过后的产物，而头脑风暴更加注重发散性思考过程。一般来说，思维导图可以是经过梳理后的头脑风暴的结果。总而言之，打破框架即意味着发散思维的时候不必被任何理念、工具、传统或图形约束，这才是创意想法的开始。

4.运用范例

图 6.2 "设计方法论"课程头脑风暴现场（图片来源：深圳大学 2019 级环艺学生）

图 6.3 英国谢菲尔德大学建筑系小组头脑风暴现场（图片来源：作者自摄）

　　　　　　　　　　　　　第六章　环境艺术设计专业调研方法

观察法（observation）

1. 概念

观察不仅是人通过训练而来的一种能力，也是一种基础的科学研究方法，需要研究人员细心观察各种现象并做出系统性的记录。根据前期评估、记录方法和预期用途来观察人物、环境、事件、行为和互动过程。[10]观察法通常也被视为"田野调查"，"田野调查"同时也被视为"案例研究""参与式观察""民族志考察""定性调查"等方法的统称。虽然存在各种术语用以描述，但这些方法的共同基础是"在场性"，即此种方法要求研究者必须亲身处在与调研对象或场地的同一个时空当中。从某种程度上来讲，观察法也是所有科学研究方法中最可靠的一种，因为任何其他的获取数据信息的方式多多少少都存在导致偏差的影响因子，毕竟作为一个研究者最应该相信的就是通过自己的观察和独立思考而获得的信息。当然运用观察法不能仅凭直觉，而需要系统地引导与训练。

2. 操作

观察法具有不同的表现样式，也体现出不同的设计目标。观察法包括一般观察法和参与式观察法，它们之间的差异取决于研究者是仅仅只在一旁被动观察还是参与到场所中的行为活动。一般观察，也就是被动观察法需要在被观察对象不知情的情况下进行才能保证发生的一些活动不受到观察者的主动影响，这种状况下观察到的结果才能够保证真实。如果被观察对象不知道研究者正在观察，则会表现得自然而真实，搜集到的数据信息也更有效度与信度，如果他们知道自己正在被研究则有可能在某些方面修正他们的行为而使得结果不那么客观。[11]也就是说，被动观察情境下的研究者应是一种"隐身"的态度，但却细致地观察着一切现象的发生。而参与式观察法是一种较为偏向"民族志研究"的调研策略，它要求研究者不仅直接观察并在可能的情况下参与研究对象的日常生活，从而引发一系列的互动。建筑学者琳达·格鲁特进一步解释道，研究者在扮演他自己的角色时可深可浅。或者说他会采取一个局内人或局外人的角度。因此，在需要研究的情况下，参与式观察法可以根据研究者的观察程度不同而发现不同的研究结果。[12]有一种参与程度较高的观察法，通常也伴随着与社群内成员的访谈或焦点小组讨论，这样的方式就更加接近"行动研究"（action research）。行动研究尽管也适用于建筑城市研究领域，但更加满足社会人类学领域的研究需求。由于此方法的操作与环境变量因素较为复杂，且严谨性有待被学术界认可，因此不要求环艺专业本科学生掌握，了解即可。其他的形式分类还有，系统地寻找一些特定行为的观察——结构式观察，或非正式地观察记录正在发生的事件——无结构式观察。[13]通常来讲，环境艺术的研究对象围绕特定场所展开，但某种情况下特定的人类活动也对研究线索展开起着重要作用。相比之下，参与式观察更接近无结构式观察类型，因为研究者为了更好地沉浸在某一社会情境中需要扮演社群中一分子的角色，从而使得旁观观察与主观体验的切换更加能够随机应变。总之，观察法的不同形式主要取决于观察者所扮演的角色和与被观察对象的关系。

对于环境艺术设计专业来说，观察法指的是对整个场地的客观现状和人员活动进行观察。因此在进行场地调研尤其是室外场地调研的时候，不仅要考虑设计项目的覆盖面，还要考虑天气、时间、节日等多个因素。晴天、雨天、阴天，清晨、上午、下午和夜晚，节假日、工作日等不同因素都会对场地状况产生影响。[14]每个时空切片下的场地状况也许有很大的不同，而这许多不同状态的总和才能构成对一个场地真实完整的描述。然后，现场观察的同时也需要及时做好记录，这里的原则是尊重客观事实，看到什么记录什么，不能凭主观臆想，更不能凭空捏造。要想保证记录覆盖场地的方方面面尽量不丢失细节，可以采取一种有序的记录策略：将记录分为两大部分，一是客观发生的现象；二是观察者自己的想法，注意要分栏清晰。一个有效的方法是在记录纸上画出纵向两栏，较大的一栏记录客观信息，较小的一栏记录自己的想法。[15]

　　　　　　　第六章　环境艺术设计专业调研方法

在环艺专业学生还未掌握系统方法前，一开始去到设计场地往往是较为迷茫地一阵游逛，因为并不清楚到底需要观察什么。虽然意识到拍照存档的重要性而随意拍下了许多照片，但常常因缺乏逻辑和重点最后发现还是无法完整真实地反映场地。因此即便观察是人类的一种本能，但在设计研究语境下的观察法仍有自己的一套科学准则。总之，观察法注重研究者的"在场性"，这是任何形式的文本调研、远程调研无法替代的。而一般观察和参与式观察也分别体现了学术研究领域内不同学科所倾向方法的细分化、交叉化趋势。适用于环艺专业的观察法综合了一般观察法中强调的时空变量因素，和参与式观察法强调的人文视角。对于和空间相关的专业领域来讲（建筑／城市／景观／室内），研究对象从来不只是简单的物与人、人与人或人与空间的关系，而是多元融合的复杂关系。而其他方法如问卷调查或访谈法，无法考察问题思维研究的对象。但观察法不用带着问题切入，且能够最大限度地同时抓取客观现实与主观认知，通过人的大脑融合处理好信息以容易理解的方式呈现出来。观察前的变量因素考虑和观察时的严谨逻辑要求研究者事先制订好场地观察计划，而观察下来的大量记录整理往往会花费更多时间与精力，可见观察法并不是一件像表面上看起来那样轻而易举的工作。

半结构化访谈法（semi-structured interview）

1. 概念

半结构化访谈，是指研究人员作为采访者与受访对象进行面对面沟通交流的一种研究方式，当然目前线上视频会议等也被认为是正规的访谈形式。在访谈框架整体确定的前提条件下，访谈过程可充分激发受访者的参与感，引导受访者轻松交谈，自由表达观点，这会使得访谈具有更大的灵活性。通常情况下，受访者会根据采访者设定的某些结构化的问题作答，但是在受访者展开回答并逐渐发散思维的时候，采访者应进一步发掘问题并引导受访者回答。也就是说，虽然访谈的问题不需要保证语言上的精确性或提前确定顺序，但当受访者沿着新的思路开始探讨时，采访者应随机应变、掌握访谈的主动权，从而引导对话围绕核心问题继续展开。

2. 操作

半结构化访谈有以下几种常用的技巧。

（1）访谈可以是一对一，也可以是一对多。在同时受访者人数达到4~5人甚至更多时，这样的访谈形式成为焦点小组，而焦点小组中也可以不只有一位采访者。

（2）访谈法的目的是获取观察法和问卷调查法无法得知的信息。因此访谈问题应尽可能多地探询可观察事物背后的原因，并且不要采用简单的"是"或"否"即能作答的封闭式问题，应采用开放式问题激发受访者打开话匣子。

（3）半结构化访谈不需预先准备好所有问题，也不像非结构化访谈那样发散，但需要提供一个话题清单。话题范围划定可以引导受访者更顺畅地讲述出相关的故事、经验和观点。

（4）受访者的筛选需依据研究对象决定，如果研究对象是某一特定场地，例如深圳蛇口老街，则访谈对象可以是场地上任意使用者。如果研究对象是某一特定空间实践类型如文化遗产保护，则可以尝试联络此议题的利益相关者如政府官员、建筑师、文物保护专家等。

（5）访谈的场所可以选在受访者的家里、工作场所，或者共同约定在一个公共空间，需要注意的是保证周围环境相对安静，以便录音设备能清晰地识别语音。

（6）访谈的记录方式不局限于笔记或录音，但在只有一位访谈者的时候借助录音设备能让采访者将注意力更好地集中在受访者身上。

（7）访谈过程中采访者也可以借助卡片提示或说明性图片向受访者补充解释。值得注意的是，参与式访谈工具例如卡牌或模型正逐渐变得流行，因其可以更有针对性地引导出问题答案。

　　　　　　　第六章　环境艺术设计专业调研方法

（8）受访者的知情权在整个过程当中极其重要，包括对于研究主题的知情以及对于访谈数据的后续处理，因此采访者可以提前给受访者发送一份书面说明征得同意，访谈结束将录音转录成文字后再发送给受访者进行确认。

结构化访谈、半结构化访谈和非结构化访谈各有利弊，因此需要研究者先仔细研判研究对象及目的，再决定采用哪一种访谈方式。举个例子，如果是某种社会人类学研究课题——着重于探究特定人群在特定情境中的行为与感知，如"疫情期间大学生参与线上课堂的学习效率变化"等，则适合用高度结构化的访谈来获得标准可量化判定的答复方便对比分析；如果是一个建筑学课题，如"工业遗产建筑是如何通过创意性再设计实现更新的"则适合选择半结构或非结构化访谈形式访问利益相关者，因为研究者并不会预先设定受访者按照某种框架回答问题，一切相关信息的探索与分析都像是办案一样抽丝剥茧，随着线索而深入，否则受访者将会因为无法自由展开语言叙述而错过关键信息的提供。非结构化访谈较多地考验了采访者对于问题的理解，和引导受访者深入回答的能力。[16]然而访谈法的局限在于，受访者只能够凭记忆或直觉来回答采访者的问题，这其中必然存在不够真实或被隐藏的部分。而且受限于访谈者的数量，访谈数据只能得到定性的分析结果，并不能够总结出用定量方法才能获得的普遍性结果。

表 6.2　结构化访谈、半结构化访谈与非结构化访谈的对比

	前期准备	采访对象	访谈记录整理	数据分析	受访者体验
结构化访谈	具体问题	针对性群体抽样	回复清晰易整理	量化分析	理性
半结构化访谈	关键主题	利益相关者	在松散的对话中提取有用信息	定性分析	客观感性
非结构化访谈	大纲	随机	回复松散不易提取有效信息	不可量化分析	主观感性

（资料来源：作者整理）

环艺设计面对的大部分问题都是空间、人与活动的综合问题，因此选择

访谈方式还需具体问题具体分析。正如前文提到的，在访谈中加入一些参与式工具如卡牌、模型或意见板也是不错的想法。相对于单纯口头提问来讲，视觉化的展示更能激发空间使用者将自我代入场地更新的想象当中去，并且由此可以"破冰"暖场、快速进入特定问题情境，让受访者上手参与，通过选择直接表达意见。配合适当的交谈，学生作为研究者即能够从多个受访使用者的选择和口头表述中梳理出关于场地现况存在的一些普遍问题和潜在解决方向。

3. 运用范例

见图 6.4、图 6.5。

图 6.4　深圳大学环艺系学生在软件产业基地进行使用者访谈（图片来源：学生提供）

第六章　环境艺术设计专业调研方法

图 6.5 深圳大学环艺系学生在软件产业基地进行使用者
访谈（图片来源：学生提供）

人物画像（persona）

1. 概念

人物画像，又称用户画像、典型用户、persona 等，它来自交互设计之父 Alan Cooper 在 1998 年出版的《软件创新之路：冲破高技术营造的牢笼》一书中原型人物画像（Proto-Personas）的概念，属于用户体验设计中的一种辅助工具。用户画像并非真正的用户，而是基于对真实用户的行为与动机的观察，提取典型特征，将这些特征行为聚合分类成几种典型用户的描述，包括性别、年龄、学历、职业等基本信息和用户的关注点以及用户行为背后的需求点。[17]用户的基本信息比较容易描绘，但用户的关注点以及行为背后需求点需要通过一定的调研才能发现。虽然人物画像本身是虚构的，但各种特征的描绘不能仅凭主观经验或想象来完成，还需依靠一定的实证数据。人物画像回答了"我们为谁设计"这个问题，它是基于大量的定性和定量研究成果创建出的一个强大工具。它不是代表一个特定用户，而是代表更多数具有相似特征和需求的潜在用户群体。也就是说，它虽然不是一个真实的人，但是许多真实人物最典型的形象。[18]有了这样的对于潜在使用者形象的刻画，我们在做空间设计的时候才有了更加具体的切入点。

2. 适用情境

中国香港顶尖的室内设计师梁志天曾经在采访里说过，设计没有风格，设计是对生活的一种诠释。在香港的一个样板房设计项目中，他的设计构思便是从想象一位潜在用户即房屋主人开始的，因为通常样板房设计是没有明确业主的，所以他选择从讲故事开始。选择居住在当时全亚洲最高的擎天半岛81层，这套房子的主人大概是经济消费能力较高的单身贵族或两口之家，性格上也应该是喜欢居高临下、享受大都市生活以及繁忙工作一天后的片刻宁静。所以梁志天把这个样板房设计得更像一个夜晚的酒吧，因为主人白天工作很忙，大部分的居家活动应该都发生在夜间：晚上带着朋友回来一起听听音乐、喝喝酒、看看夜景或者吃顿饭，这个家最漂亮的时刻应该是在晚上；同时在主卧室里特意放置了一个服装店里的人台模型并套上一件礼服。[19]这样，虽然潜在客户参观这个样板房的时候不知道设计背后的故事，但也能感受到这个空间营造出的氛围暗示了某种特定的生活方式和主人性格，进而联想投射到自身，引发对于这种生活方式的向往。毕竟对于高端房产这类大宗奢侈品来讲，消费的能动性与其说是建立在使用需求上不如说更多地建立在认同感上。通过用设计讲故事，描绘一个虚构的人物画像并投放至设计终端，可以精准地筛选出潜在的目标客户，这些客户的背景特征和需求等都是与人物画像设定较为符合的。由此可见，产品设计也好、空间设计也好，在考虑用户需求的时候，使用价值仅占一部分，可转换为身份认同的符号价值也占有不可忽视的比例。而后者往往体现在形式审美的符号创造，因此便与潜在用户的审美偏好、文化品位和生活方式等息息相关。

第六章　环境艺术设计专业调研方法

3. 操作

环艺专业学生在尝试创建人物画像时，可尝试从两个方向入手：在网络上搜索用户大数据，或者去现实生活中寻找普通人作为素材。第一个方向主要调用的是网上开放的二手数据资源，从各式各样的关注点不同的社会调研结果中我们可以大致定位提取某一特定人群的数据化特征，进而开始制作一份人物画像。这一方向虽然有大量数据支撑，但数据处理的时候可能出现过于概括或数据对应不准确的现象，从而使得人物特征太过宽泛。去现实生活中寻找普通人作为画像素材是学生们可应用最直接的方法，根据基本的用户范围划定去寻找身边认识的朋友或通过介绍结识更符合大致目标的朋友，与他们进行深入访谈，了解他们的基本信息、日常作息、消费模式、行为习惯、价值观、审美品位、对特定空间的看法态度等，综合比较几位普通人的定性的数据信息作为创建人物画像的素材。也可以将几位参与者集结成访谈焦点小组，让他们自由发表想法，这样更有助于寻找这类潜在用户的共性，相比基于网络数据的用户分析更加真实且有针对性。一般来说，环境艺术设计面临的课题都有特定的场地，也就意味着有特定的使用者。因此，比起产品设计领域经常用到的虚拟人物画像，环艺专业更多的是需要实地探访场地上的居民、使用者、开发商等，征询他们的意见与需求。而在做样板房、商业空间或办公空间等设计项目时，由于没有已知的真实场地使用者，则人物画像法可以作为更有效的研究设计依据。

4. 运用范例

见图 6.6—6.7、图 6.8—6.9。

星儿 (95后美妆博主)

" 房子是租的，生活是自己的。"

22 👤
深圳-宝安 📍
美妆博主 💼

生活状态

我是一个自由职业者，大部分时间待在家里创作/拍视频。平时承接一些品牌方的推广，快递不断，对储藏空间需求比较大。另外，我需要在家里拍摄视频，希望家具灵活可动，能够满足我的拍摄需求。朋友比较多，经常来家里小聚。

需求 & 意向

• 和好姐妹整租

• 化妆品、衣服很多，收纳空间需求比较大。

• 不爱做饭，厨房空置率高。

生活方式

学习工作 ┈┈┈┈┈●┈
休闲娱乐 ┈┈┈┈┈●┈
打卡探店 ┈┈┈┈●┈┈
交友社交 ┈┈┈┈┈●┈

爱好

室内设计 & 家具

• 平时拍摄时家里的环境会出镜，偏好简约不简单的室内设计。

• 客厅家具灵活可动，满足拍摄的需求。

王响 (95后程序员)

" 我的生活像代码一样井井有条。"

23 👤
深圳-宝安 📍
程序员 💼

生活状态

我在一家科技公司上班，每天公司一家两点一线的生活，晚上经常加班到21~22点，有时候甚至直接留宿在公司了。在家待的时间比较少，不愿意承担过高的房租，但也不想降低生活质量，有一个室友分摊租金会比较好。

需求 & 意向

• 舒适的居家办公区域。

• 采光充足、通风良好的套房卧室。

• 不爱做饭，基本上外卖或者外面吃，厨房闲置率高。

生活方式

学习工作 ┈┈┈┈┈●
休闲娱乐 ┈●┈┈┈┈
健身撸铁 ┈┈┈●┈┈
交友社交 ●┈┈┈┈┈

爱好

室内设计 & 家具

• 对装修风格没有太多要求，整体简洁实用即可。

• 自己东西比较少，也不喜欢家里有很多东西。

图 6.6—6.7　居住空间设计虚拟人物画像（图片来源：徐可俐、张颖欣、谢莹莹）

　　　　　第六章　环境艺术设计专业调研方法

基本信息 / Basic Information

名字 /	小嘉	生活状况 /	从小在深圳生活的独生女，
性别 /	女		父母都在深圳
年龄 /	24	职业 /	游戏 up 主（拥有 10w 粉丝）
身高 /	160cm	收入 /	4K~8K
性格 /	活泼开朗 外向	作息 /	视频剪辑 14:00~17:00
学历 /	大学本科		游戏直播 18:00~23:00
			休息 03:00~11:00

爱好需求 / Hobbies & Needs

兴趣爱好 /

打游戏　喝酒　烹饪　看综艺

生活习惯 /

经常与朋友一起聚会
喜欢窝在沙发看书
工作需要长期面对电脑

用户需求 /

满足做美食与朋友一起聚餐的快乐
对生活品质要求较高，有独立卫浴
希望有一个自由舒适的环境、有植物
生活用品较多，有足够的收纳空间

审美偏好 /

归属感、明亮、简约、日式北欧

基本信息 / Basic Information

名字 /	阿洋	生活状况 /	广东来深 6 年 独居工作
性别 /	男	职业 /	自由插画师（业界内小众插画师）
年龄 /	30	收入 /	2W~3W
身高 /	170cm	作息 /	创作 10:00~12:00
性格 /	宅 内向型		工作 14:00~21:00
学历 /	大学本科		睡眠 01:00~09:00

爱好需求 / Hobbies & Needs

兴趣爱好 /

动漫　展览　看电影　运动

生活习惯 /

经常吃外卖
在家谈工作 招待客人
比较社恐 在家时间长

用户需求 /

希望有个比较安静的生活环境
有充足的空间用于生活创作

审美偏好 /

氛围 质感 厚重 舒适 轻工业

图 6.8—6.9 居住空间设计虚拟人物画像（图片来源：张圆圆、黄佳婷、谢书昳）

问卷调查法（questionnaire）

1. 概念

问卷调查是一种以书面形式收集自我评估信息的调查工具，可以了解受访者的特点、偏好、情感、观念、行为或态度。问卷调查遵循的是一种实证主义研究范式。实证主义是社会科学研究的主流范式之一，而以问卷调查为代表的统计分析则是实证主义最常用的定量研究方法。实证主义使用问卷调查作为一种专门的工具来引出对分析有用的事实依据。[20]问卷通过设置一系列带有特定目标的问题从调查对象处收集所需信息，问题的设置则取决于调研的目的，每一个问题都必须直接指向调研的某个部分需要获得的信息，而并非随意松散地提问。问题可以是封闭式的，也可以是开放式的，总体而言问卷一般都是高度结构化的。

2. 操作

封闭式有几种常见的提问方式：二分式问题（常见为"是"或"否"）、多选问题（需要特别提示）、排序问题、矩阵量表。矩阵量表的提问方式要求受访者针对选项进行排序或者把一个固定值（如100）分成几个区间进行选择，按程度区分会比按单个选项区分更容易准确评判人们的喜好，这就是广泛使用的"李克特量表"（Likertscale）。举个例子，对于某一项因素，研究人员希望受访者不只是提供"同意"或"不同意"的态度，而是从"强烈支持"到"强烈反对"之间的五种不同范围进行选择，使受访者可以在连续递进的选项中较为准确地选择到自己的态度，这样能更清晰地体现出不同受访者之间细微的态度差异。[21]单选的封闭式问题虽然可以获得明确的答案，但也有可能因为受访者对问题理解不清晰而导致强迫回答或乱选答案，这就考验研究者在设置问题时的严谨性了。对于研究者来说，设置开放式问题的约束较少，但把思考问题的压力更多转移到了受访者身上。如果受访者愿意深入思考则有可能获得极为有效的定性数据，假如开放式问题太多则有可能让受访者失去耐心而放弃作答。另外，过于宽泛的问题会使回答不具有针对性，过于详细的问题也可能因受访者没有相关经验而产生误解或捏造。总之，开放式问题可以引导受访者深入思考，而封闭式问题则让受访者更容易进行数值化的判断，一份较为完善的问卷会以封闭式问题为主，配合适当的开放式问题。

调查问卷的制作和管理有一套特定的规则，需要特别注意的是问题的措辞与选项的设置、顺序、长度、布局及设计。[22]要保证收到良好的问卷反馈需要考虑几方面的因素，包括问卷的外观、问题明确度、逻辑顺序以及对研究问题的指向性。问卷问题的逻辑顺序会直接影响到受访者反应和思考方式。举个例子，如果上一问题是"选择居住在青年人才公寓，哪方面因素是您最着重考虑的？"那么下一个问题设置为"您希望青年人才公寓的共享空间设计加强哪些功能？"则会引导受访者意识到共享空间在青年人才公寓这一居住类型里的潜在价值以及发掘自我需求。

每一种问卷发放方式都有自己的优缺点。20 世纪，问卷发放的方法主要为邮寄，研究者寄出信件后待受访者填完再寄回，但这种方式的样本收回率较低。电脑与互联网普及后，电子邮件使得问卷发放更加简单轻松，但收回率同样难以保障。在当代，基于网络平台或小程序有国内常用的"问卷星"或国外的 M-Turk 等，线上平台可以帮助更高效地分发与管理问卷，但还是无法激发出研究者与受访者面对面问询时可能会产生的更多信息沟通。问卷调查法的主要局限就在于难以探询到调查对象在感知方面的个人体验，这是封闭式选项和单一问题无法企及的深度。然而在实际操作中问卷也可以被用来收集定性数据，这种使用方式叫作访谈问卷。这种情况下问卷中的开放性问题会比较多，要求研究者基于问卷对某位受访者开启聊天式对话从而探询到更多主观感受方面的信息，最好是面对面的形式。由此可见，调研问卷作为工具到底是用来收集分析定量还是定性数据，主要取决于研究者的使用方式。值得注意的是，本科学生在初次实验问卷调查法得到数据后，通常也仅限于用 Excel 表格整理，再用各种图表展示，重点在分析不同选项的权重比例，这种不考虑变量的分析也多是定性的；而且，限于学生实地发放问卷的样本量限制——几十至多一百份的代表性也有限，无法就此概括普遍情况，因此还是偏向定性的。即便如此，问卷调查法也可作为访谈法的补充性手段以便获得尽可能全面的样本数据。

学生在初次使用问卷调查法的时候，应注意制作问卷的基本前提，即在有限的篇幅中问出其他方法难以获得的信息，如果是通过观察便能得知的信息则无须在问卷中多此一举。另外正如上文说道，每一个问卷问题必须直指研究问题，对于解答研究问题无帮助的则无须提问。制作一份较为完善的问卷本来就需要依靠丰富的实操经验，第一次制作问卷的学生难免之后会发现问卷设计得不好，有许多遗漏待改进的地方，这本身也是积累经验的过程。对于一份问卷没有把握的时候，可以选择先在小范围内的几个人当中测试一下，作为"初步试验"（pilot test），这一步骤在所有研究方法中都非常常见，可以及时帮助发现问题。然而尽管采用了"初步试验"，在正式发放问卷的过程中仍有可能发现更多的不足，但我们也知道没有一份问卷是十全十美的，就像没有一个研究方法、过程至结果是完美无瑕的。

此外，无论是访谈法还是问卷调查法皆需要研究者与受访人产生交流，只要是人与人之间产生交流就有涉及风险与伤害的可能性。针对此方面考量的即是研究伦理问题，所以在进行互动交流的调查时研究者首先要获得受访人的知情同意，即让潜在参与者知晓正在进行的研究主题是什么，目的是什么，获得的数据用途、保存方式和研究可能带来的伤害。一般来讲，进行访谈前要求研究者出具一份知情同意书让受访者签署，调查问卷则可将封面信（关于研究主题的简述）和是否同意参与的问题直接融入进去。当然，遵循研究伦理的首要原则是获得受访者的同意，未必要体现签协议这一形式本身，因此无论是书面同意，还是口头同意或默认同意都被视为对受访人权利的尊重，这样也能使调研的灵活性增强。况且，在大多数情况下与建筑环境相关的社会科学研究方法都是低风险的（特定研究主题除外，如与犯罪相关的），不像医院研究等的风险可能性偏高，所以研究伦理与知情同意的获得相对来说更有弹性。

3. 运用范例：深圳华侨城创意文化园调研问卷

①您的年龄是？

□ 20 岁以下　□ 20~30 岁　□ 31~40 岁　□ 41~50 岁　□ 50 岁以上

②您的职业属于哪一类型？

□技能型（计算机硬件人员、摄影师、制图员、机械装配工、厨师）

□研究型（科学研究人员、教师、工程师、电脑编程人员、医生）

□艺术型（演员、导演、艺术设计师、建筑师、摄影家、广告制作人）

□经营型（项目经理、销售人员、企业领导、法官、律师）

□社交型（教育工作者、咨询人员、公关人员）

□事务型（秘书、会计、行政助理、图书馆管理员、投资分析员）

□学生

③请问您从哪里来到园区？

□周边（南山、福田、罗湖）　□深圳市内　□广东省内　□广东省外

④请问您来华侨城创意文化园主要目的是什么？

□购物逛街　□文化活动　□公司工作　□聚餐聊天

⑤在园区一般停留的时间是？

□ 1 小时内　□ 1~3 小时　□ 3~6 小时　□ 6~9 小时

⑥在华侨城创意文化园参与过什么类型的活动？

□艺术展览　□创意集市　□设计工作坊　□文化讲座　□都没有

⑦华侨城创意文化园最吸引您的地方是？

□文化氛围　□地理位置　□园内企业资源　□商业场所

资料提供：刘今、黄婕。

从此调研问卷来看，问题设置仍然存在一些值得商榷的地方，尤其是在职业分类方面。每个国家每一区域对于职业分类的方式不同，当然受访者

对于自己所从事职业与行业认知也不同，因此在设置职业类问题选项的时候不必严格遵从某一分类标准，而是需要充分考虑研究问题所关注的焦点，何种分类方式便决定了何种分析方法，选择对回答研究问题帮助最大的那一种即可。

通过发放问卷获取了数据信息，即代表之后还有分析的工作。问卷的定量分析通常需要借助一些分析软件工具，复杂一点统计学分析可能需要用到SPSS，对于开放式问题的定性数据可以用到 Nvivo 这类内容分析软件。对于环艺专业本科学生来讲，问卷调查的目标更多是了解场地上可观察范围以外的信息，且场地问卷的访谈属性较高，也就是需要定量与定性结合的分析方法，因此简单的 Excel 表格与 Word 文档整理也能满足基本的数据信息分析需求。

数据对比分析（条形图、饼图、评估表格）（bar chart/pie chart/table）

数据对比分析主要借助各种矢量图形来展示统计学意义上数据的大小比重、变化趋势与相关性，从而对事物的发展规律与本质进行分析（见图 6.10）。

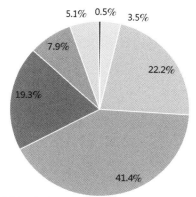

2017年流动人口受教育水平分布（单位：%）

5.1%　0.5%　3.5%
7.9%
22.2%
19.3%
41.4%

未上过学 小学 初中 高中 大学专科 大学本科 研究生

图 6.10　（数据来源：中国流动人口动态监测调查数据[23]）

　　　　　　第六章　环境艺术设计专业调研方法

常见的数据对比分析图类型有饼图、条形图、柱状图、折线条形混合图、雷达图、关系图、树状图、漏斗图、热力图等，根据分析需求可以分为比较、趋势、占比、分布、流向、层级等不同数据关系场景。其中最为常见的属饼图，用以清晰呈现不同类别占比及相互比例关系，但不易精确比较数值。

条形图，可以采用横向条形或者竖向条形的呈现方式，每个条形的长度对比即显示出数值的比较关系。对于竖向条形图来说，水平轴线 X 代表的是类别变量，垂直轴线 Y 代表的是数值变量，如图 6.11 所示。

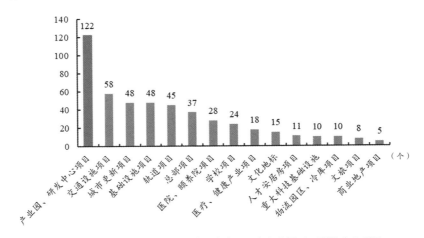

图 6.11　深圳 2020 年重大项目计划中有 122 个产业园区、研发中心项目
（数据来源：深圳市发改委，兴业证券经济与金融研究院整理[24]）

表格是最为直观的数据对比工具，表格软件也能进行简单的公式计算与分析，通常用于数据分析整理的初期阶段，为多种视觉化的呈现方式做铺垫。

雷达图是由一组坐标和多个同心圆（环）组成的图表，使数据可以在同一坐标体系内分布以展示对比情况。雷达图是偏向综合评价中的一种图表，适合对具有多重属性的研究对象 / 主题做出全局整体性的判断。

尽管大多数时候语言文字和数字就能将信息清楚明了地公开，但要将信息的重点有效地传达出去并产生交流互动还需要一些可视化的转译方法。在深圳大学环艺系的另一门由作者讲授的"居住空间设计"课程中，为了让学生意识到个体之间对居住空间的偏好差异，开发了一张"偏好图式"测量表。

目标层	准则层	指标层			
	名称	编号	选项	权重	
华侨城创意文化园使用人群评估	年龄	A1	20 岁以下	0.15	
		A2	20~30 岁	0.45	
		A3	31~40 岁	0.25	
		A4	41~50 岁	0.05	
		A5	50 岁以上	0.1	
	工作类型	B1	技能型	0.2	
		B2	研究型	0.15	
		B3	艺术型	0.15	
		B4	经营型	0.15	
		B5	社交型	0.05	
		B6	事务型	0.1	
		B7	学生	0.15	
	始发地	C1	周边（南山、福田、罗湖）	0.15	
		C2	深圳市内	0.2	
		C3	广东省内	0.3	
		C4	广东省外	0.35	
	目的	D1	逛街购物	0.35	
		D2	文化活动	0.55	
		D3	公司工作	0.05	
		D4	聚餐聊天	0.15	
	停留时间	E1	<1h 以内	0.15	
		E2	1~3h	0.8	
		E3	3~6h	0	
		E4	6~9h	0.05	
	文化活动内容	F1	艺术展览	0.45	
		F2	创意集市	0.3	
		F3	设计工作坊	0.05	
		F4	文化讲座	0.05	
		F5	都没有	0.45	
	园区优势	G1	文化氛围	0.8	
		G2	地理位置	0.3	
		G3	园内企业资源	0.1	
		G4	商业场所	0.05	

第六章　环境艺术设计专业调研方法

年龄

■ 20 岁以下 ■ 20~30 岁 ■ 31~40 岁 ■ 41~50 岁 ■ 50 岁以上

工作类型

■ 技能型 ■ 研究型 ■ 艺术型 ■ 经营型 ■ 社交型 ■ 事务型 ■ 学生

始发地

■ 周边（南山、福田、罗湖）■ 深圳市内 ■ 广东省内 ■ 广东省外

目的

■ 逛街购物 ■ 文化活动 ■ 公司工作 ■ 聚餐聊天

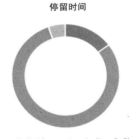

停留时间

■ 1 小时以内 ■ 1~3h ■ 3~6h ■ 6~9h

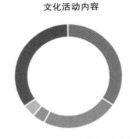

文化活动内容

■ 艺术展览 ■ 创意集市 ■ 设计工作坊 ■ 文化讲座 ■ 都没有

园区优势

■ 文化氛围 ■ 地理位置 ■ 园内企业资源 ■ 商业场所

图 6.12—6.13　深圳华侨城创意文化园问卷调研数据分析（资料提供：刘今、黄婕）

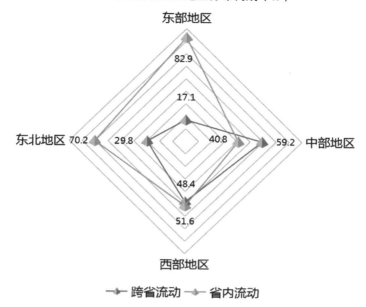

图 6.14　2019 年农民工监测调查报告

这张"偏好图式"测量表（见图 6.15–6.16）可作为评估客户对居住空间设计需求偏好的问卷调查，只是该问卷仅关注个人主观审美和使用倾向维度而非客户的客观个人信息。测量表中列出了描绘居住空间各种要素的二元变量，被测者可以在每个要素的两极化选项间选择自己较为倾向的程度（6 个程度区分），再将做完选择的 12 个要素选项用线条连接在一起。学生试用这张测量问卷进行自测后发现，不同个人对居住空间的审美偏好差异是巨大的，从形态各异测量结果图形即可看出来，没有两个人对于空间的审美偏好是完全一致的。由此也提醒了我们，风格化的空间也许代表了大致一类特定人群（相近的年龄、职业、教育背景）的偏好，但对于居住空间这类个性定制化需求极高的空间，不能用刻板印象去定位客户，不能用程式化的手法来设计，使用统一的风格模板来完成设计更加不可取。

　　任何数据的视觉化呈现都是为了让数据和数据之间的关系更加明晰，代表的含义更加有指向性，有助于研究者发现其中的规律从而掌握事件的全貌。

　　　　　　　第六章　环境艺术设计专业调研方法

居住空间偏好图式自测表

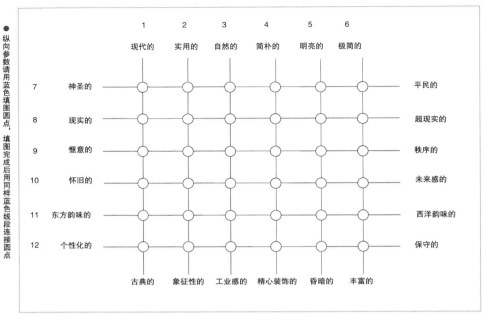

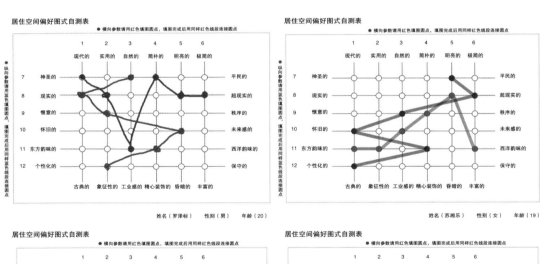

图 6.15—6.16　居住空间偏好图式测量表

对于艺术设计专业的学生来讲，信息的可视化处理本身是一项独立的课题，尤其在互联网大数据时代下，信息的可读性成为设计效度与信度的一个重要评判标准。因此无论是出于对市场化需求还是社会需求的考量，每位同学都应在求学阶段尽早培养数据分析的思维，使设计前期的思考方式变得更加客观，为设计过程增添科学理性的依据。

故事板（storyboard）

1. 概念

与人物画像相似，故事板也是在服务设计、交互设计领域里常用的思维工具。故事板是一种用视觉方式讲述故事的方法，也用于描绘设计应用的具体情境，简单来说，就是设计师想法初步视觉情境化的呈现。我们今天熟悉的所有故事板类似的制作流程，最早是由沃尔特·迪士尼电影制作公司于20世纪30年代初发明的，影响后来众多动画工作室的制作流程。在用户体验设计（UX–user experience）领域，设计师可以跟随故事板体验用户与产品的交互过程，并从中得到启发，故事板也会随着设计流程的推进而不断改进；比如在设计初期，故事板可能是简单的草图与建议，随着设计流程推进，故事板的内容逐渐丰富并融入更多的细节，帮助设计师探索新的创意并做出决策；在设计后期，设计师可以根据较完整的故事板反思设计产品的形式、产品蕴含的价值，以及设计的品质。[25]

2. 适用情境

通常描绘一个带有叙事功能的情境的要素有人、物、环境和事件，由此可见故事板与空间也是紧密相关的。从环境艺术设计角度来看，故事板有助于设计师了解使用者、空间情境以及使用的方式。[26]因此，调研一个空间的使用状况也可以先构思一系列带有故事情节的场景，就像制作影视或动漫作品前期需要绘制分镜草图一样，来探索潜在使用者的反馈和空间改进的可能性，最终目的是创造那个新的空间使得新的活动在此情境中积极地发生。

在建筑设计场景下，早期的建筑工作室需要一位艺术家用绘制故事板的方式将建筑设计方案可视化地展现给客户或评审。[27]尽管现在先进的计算机软件使得新建筑方案的逼真虚拟模型成为可能，但这类工作往往需要大量时间调试完成。由此，故事板便成为初步阶段展现设计情境的过渡性手段，作为工作草稿的灵活性使得后期建筑方案修改与建筑动画的制作更加高效。除了常见的应用领域电影、动画、视觉传达、产品、建筑空间之外，故事板还适用于小说、商业情境和科研领域，用途广泛、形式多变，既可以文字为主，又可以以图片手绘为主。

3. 操作

在英国谢菲尔德市一个养老社区的设计策划项目中，作者与当时的组员曾实地考察过谢菲尔德市辖区多处老年生活社区，为了将实地探访社区发现的一些与空间有关的普遍性问题直观地展示出来，我们想到了用故事板的方法。像构思漫画一样布局，将故事板分为几个宫格，把问题场景绘制出来并置于故事板面，有几个问题就可以分配几个小场景。每个小场景配以适当的文字、符号或模拟对话都是非常有效的，这往往对理解起到点睛之笔的作用。养老社区中最常见的问题有：走廊的标准化设计使老年人容易迷路，室内与室外花园被上锁的玻璃门隔开而老年人只能坐在椅子上远观，过于宽敞的公共空间无功能流线规划使得探访者较难在众多老年人中快速找到自己的亲人，走廊两边入户门——一对应开启的设计难以保证老年人期望的隐私性。故事板场景的绘制原则就和漫画一样，重点在于传达情节、易于理解，因此不必拘泥于写实的画法或真实环境的透视、光影、肌理等。

4. 运用范例

　　　　　　　　　　　　第六章　环境艺术设计专业调研方法

图 6.17—6.18 谢菲尔德养老社区设计，英国谢菲尔德大学建筑系学生 Nick Hunter，Becky Cunningham，Rich Johnson 作品

图 6.19—6.20 大冲新城场地调研故事板（图片提供：深圳大学 20 级环艺系本科生）

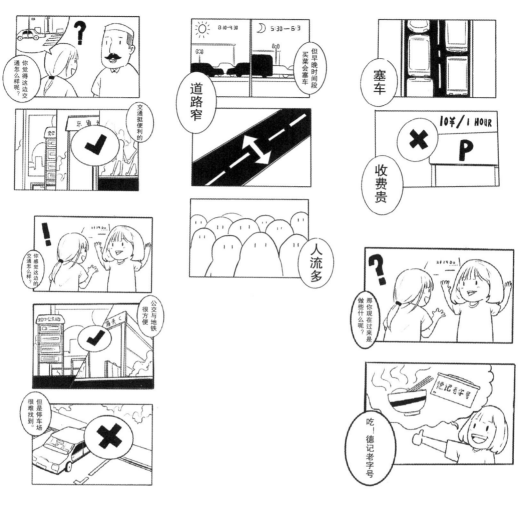

图 6.21 蛇口老街场地调研故事板（图片提供：深圳大学 20 级环艺系本科生）

尽管故事板方法的成熟发展催生了市面上许多的故事板模板平台或制作软件，但为了保证思考的灵活性，设计者仍然应该在学会基础的制作流程后自由地创作，不拘束于特定的模板形式。

时空路径图（space-time path）

1. 概念

"时空路径图"是瑞典地理学家托斯坦·哈格斯特朗（Torsten Hägerstrand）

　　　　　　　　第六章　环境艺术设计专业调研方法

于 20 世纪 60 年代后期创立的时间地理学中的一个概念。在这一概念中，哈格斯特朗设计了一套符号，围绕人在时间与空间两个维度上的行动展开分析，其基本论点是人不仅是在空间中移动，同时也在时间上移动。因此，时空路径图表现的即是人在三维空间中连续移动的轨迹，它是一种将人的日常时空活动可视化的有效手段。时间地理学的发展本身源于战后城市大规模建设显现出的弊端和对人的行为与多样化需求的忽视。由于当时的技术局限，时间地理学在很长一段时间内停留于理论建构，直到 20 世纪 90 年代依托计算机平台的 GIS 技术（地理信息系统）出现，学科发展才有了实质性的成果并逐渐形成完善的方法论。

2. 操作

通常来说，我们在城市空间中的活动是以许多重复发生的事件为中心的，例如大部分人每个工作日都要去上班或上学，这些常规事件就是销钉。销钉把我们在时间和空间中的活动串联起来。而在任意一个时间段上，我们都有可能在相对有限的空间范围内移动，这个移动的范围被称作棱柱。销钉和棱柱在由地理空间和时间轴结合的三维空间里组成了一个人日常是如何在时空中活动的。把一个人在城市旅行一天中的销钉和棱柱结合起来就描绘出了一个人的时空路径（见图 6.22）。举个例子，我们姑且叫她约瑟芬，她早上七点起床至九点才开始工作，可见这段时间容许她做了一些准备从家通勤至工作地点；从上午九点到下午五点，她都在工作，所以除了午餐时间的小憩之外，时间和空间都被固定在了销钉上；从晚上七点回到家到十一点上床睡觉之间有一段有限范围内的棱柱，说明她在这段时间内于家附近进行了一些活动，最后充足的睡眠给予新的一天更好的开始。[28] 大卫·哈维也在《后现代的状况》中引用了时空路径图式，解释社会生活中的个人空间和时间关系，虽然他采用了一套不同的符号术语。[29] 一般来讲，人为了满足工作、学习、娱乐、购物等不同需要必须从一个地点移动到另外一个地点，然而这些移动受到了一定的约束，哈格斯特朗把约束分为三种类型：能力约束

（capability constraints）、耦合约束（coupling constraints）和权力约束（authority constraints）。能力约束是指个体行为受到自身生理能力、经济能力或社会能力的制约，例如人必须睡觉、吃饭等，再例如个人在无车且时间有限的情况下只能步行去居住地附近的超市购物而无法到郊区的量贩店采购，这都是因个人能力产生的约束条件；耦合约束是指个体必须与另一个体或群体共存于时空中某一阶段，比如老师要给同学上课，大家必定在同一个地点和时间段内共存，即是活动的耦合约束；权力约束是指法律、习惯和社会规范把个体从特定的时空范围内排除的制约，比如私人花园或监狱对于普通人来说就是一种时空不可达的区域。[30]这套符号所要强调的一点其实是，不同类型的人和不同类型的活动常常面对着不同的约束条件，以至于时空路径图一定程度上反映了同一时空中不同群体受约束条件限制而进行的社会实践。

从技术操作层面来讲，时空路径图的精确制作与运算分析目前可借助 GIS 等软件技术来实现，尤其是针对城市交通系统等更大范畴的主题研究。[31]然

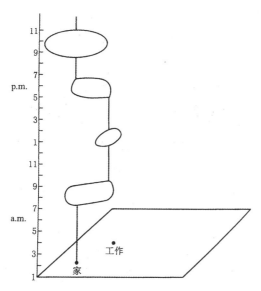

图 6.22　约瑟芬的时空路径图（图片来源：[英]约翰·伦尼·肖特.城市秩序：城市、文化与权力导论 [M].上海：上海人民出版社，2015，第 280 页.）

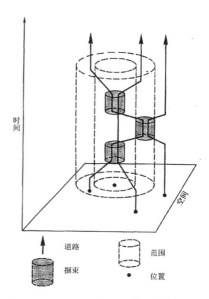

图 6.23　日常时空路径的图式，根据哈格斯特朗（1970 年）（图片来源：大卫·哈维《后现代的状况》2020 年.）

第六章　环境艺术设计专业调研方法

而，在环境艺术设计方法论的语境下，时空路径图的主要作用在于大致描绘个体在特定时间段内的地理移动情况，以此来分析特定群体在时空两个维度上对城市空间的使用情况及制约因素。因此对于本科二年级学生来讲，制作一张时空路径图的程序可以简化为仅用观察、跟踪、笔记、手绘、Photoshop以及基础三维建模完成。

3. 适用情境

解决了时空路径图的操作问题后，这里可以深入两种视角的思考：第一从城市的角度看，它既存在于场地空间中，也存在于时间维度中，那么所有的目的地都是时间点上的空间，办公室、咖啡馆、街心公园等也有着自己的节奏和韵律。结合实际场地思考，随着通勤时间的规律性变化，深圳软件产业基地周边的行人数量也变化着，午休时间街道上、餐厅外排满了办公室白领，到了周末凌晨，整个基地又变得空空如也，几乎没有人活动的迹象。而某些特殊事件，例如自 2020 年的新冠疫情又能够全然改变一处场所常规性的时空运转，让绝大部分可见的活动按下"暂停"，也让城市"静止"了，这一事件的发生极大影响了空间使用方式与人流聚集分布状况。因此，如果把城市空间看成一个生命体，它的脉搏就会随着人群和事件的流动而起伏。[32]这一视角启发我们应该用更为动态的观点来看待我们生活的空间，将空间、人物、事件和活动结合起来，而不能再将城市看成一组静态的建筑物集合。

第二种设计视角是，在社会空间的概念里，城市同时容纳了处于不同社会位置的群体，包括工人、高级白领、学生、流浪汉等。不同群体在统一空间中活动的目的、停留的时长，以及通勤到下一个目的地时间各不相同，人的社会位置与阶层有时也可以通过时空路径图的对比分析来判断。例如，同在一栋高档写字楼工作的白领和清洁工人，早上他们各自从市中心附近或郊区的家通勤到工作地点，时长不同；在相同的一段时间内，尽管位置大致都在同一栋写字楼，但白领移动的频率、楼层、房间、范围和清洁工人必然也不相同；接近傍晚，两个群体的下班时间与下班后途经的目的地仍可能有巨大差异，而这些或微妙或明显的差异正反映了同一时空中不同社会阶层人群受各自约束条件而形成的不同生活方式，形成了各自富有特征的时空路径图式。在后疫情时代，对于流行病学调查的人员动向信息搜集如果能够纳入时空路径图的表现方式，也许疫情传播的交集点更易被发现，而潜在的威胁也更易预测。而对于我们设计学生来说，掌握了一些具体方法后，面对当下各种现实社会状况的频发不应该也不能够再置身事外，而应努力去拓展设计师的角色与边界。

"人地"关系是地理学的研究传统，然而随着时代的进步，有关"人地"关系的研究逐渐从面向"地"的空间现象分布转向面向"人"的行为以及以"人"为中心的环境分析。[33]环艺设计总体研究问题的转向也代表着研究重心的变化，自然也伴随着研究方法的变化。正如前文所述，环境设计语境下的时空路径研究是围绕人的活动而展开的，这也证明了科学研究中"人"的关注度正在上升。无论在哪一学科内，人的重要性提升似乎也同时为方法论带来了跨学科的创新。

总之，时间地理学是一种研究在各种制约条件下人的行为时空特征的研究方法，此方法广泛应用于城市研究领域。而时空路径图为我们提供了一个有用的分析框架，用以理解和记录时间与空间的压缩是如何反映着不同群体与个人在城市舞台上的表演。

注释

[1] 王少斌，侯叶．艺术学科背景下的建筑基础教学——基于"研究式设计"的建筑设计教学改革 [J]．艺术工作，2020(04)：105-109．

[2] 诺伯舒兹在《场所精神：迈向建筑现象学》一书中解释道，"空间作为一种关系系统，是用介词来表示的。在我们的日常生活中，我们很少谈论'空间'，而是谈论彼此的'over'或'under'，'before'或'behind'……所有这些介词都表示前面提到的那种拓扑关系。特色，则是用形容词来表示的"。
[挪] 诺伯舒兹．场所精神：迈向建筑现象学 [M]．施植明，译．武汉：华中科技大学出版社，2010．

[3] Lefebvre, Henri. The Production of Space(Donald Nicholson-Smith, Trans.)[M]. Blackwell, 1991, 120.

[4] Lefebvre, Henri. The Production of Space(Donald Nicholson-Smith, Trans.)[M]. Blackwell, 1991, 38-39.

[5] 刘怀玉，鲁宝．简论"空间的生产"之内在辩证关系及其三重意义 [J]．国际城市规划，2021，36(03)：14-22．

[6] 杨舢，陈弘正．"空间生产"话语在英美与中国的传播历程及其在中国城市规划与地理学领域的误读 [J]．国际城市规划，2021，36(03):23-32+41．

[7] 法国社会学家布迪厄在《区分》（1979）一书中提及的文化正统性（legitimacy）是建立在法国社会由布尔乔亚贵族主导的文化分层，通过教育水平、生活方式、艺术审美与趣味等方面进行隐性的甄别筛选，作为与其他社会阶层区别开来的象征。

[8] "士绅化"（gentrification）是目前全球各地一种普遍的城市更新现象。原先它的主要特征是衰落的内城工人社区遭到了中产阶级由郊区转向内城的入侵，从而导致整个地区的社会特征发生了明显改变；现在的"士绅化"含义更为广泛，意指原先衰落破败、自发居住聚集且租金较低的地区被统一进行规划设计再开发，从而转变为以全新的符合现代化都市标准的空间面貌和商业形态，通常吸引的是有一定经济文化水平的都市人群来此消费、居住、置业。

[9] 郑建启，李翔．设计方法学(第2版)[M]．北京：清华大学出版社，2019，第37页；Osborn, A. Applied Imagination: Principles and Procedures of Creative Problem-Solving. New York: Creative Education Foundation Press, 1953.

[10] [美] 布鲁斯·汉宁顿，贝拉·马丁．通用设计方法 [M]．北京：中央编译出版社，2013，第120页．

[11] [美] 艾尔·巴比．社会研究方法（第13版）[M]．邱泽奇，译．北京：清华大学出版社，2020，第290页．

[12] [美] 琳达·格鲁特，大卫·王．建筑学研究方法（第2版）[M]．北京：电子工业出版社，2015，第225页．

[13] [英] 加里·托马斯．如何进行个案研究（第二版）[M]．方纲，译．北京：中国人民大学出版社，2021，第226页．

[14] 戴力农．设计调研（第2版）[M]．北京：电子工业出版社，2014，第12页．

[15] 同上，第14-15页．

[16] 同上，第30页．

[17] 罗莎．设计方法卡牌 [M]．北京：电子工业出版社，2017．

[18] Vincent Xia. What are & How to Create Personas: Step-by-Step Guidelines of Everything[EB/OL]. https://medium.muz.li/what-are-how-to-create-personas-step-by-step-guidelines-of-everything-49357da2cb59, 2017-11-02/2022-04-19.

［19］梁志天.设计没有风格，设计是对生活的一种诠释！[EB/OL]. https://www.shejiben.com/sjs/5526/log-39193-l423663.html, 2015-11-03/2022-04-19.

［20］Earl. R. Babbie, The Practice of Social Research. 12th Edition. Wadsworth: Cengage Learning, 2009, p.255.

［21］[美]布鲁斯·汉宁顿，贝拉·马丁.通用设计方法[M].北京：中央编译出版社，2013，第140页.

［22］Colin Robson, Real World Research: A Resource for Social Scientists and Practitioner Researchers. 2nd ed. Oxford: Blackwell, 2002.

［23］国家卫生健康委流动人口服务中心流动人口数据平台.中国流动人口动态监测可视化数据产品 [EB/OL]. https://www.chinaldrk.org.cn/wjw/#/data/classify/subjectService/subject3, 2022-04-18.

［24］深圳园区研究专题报告：深圳科技园区快速发展，园区物管可拓展空间大，2020-09-13.

［25］[美]布鲁斯·汉宁顿，贝拉·马丁.通用设计方法[M].北京：中央编译出版社，2013，第170页.

［26］[荷]代尔夫特理工大学工业设计工程学院.设计方法与策略：代尔夫特设计指南[M].倪裕伟，译.武汉：华中科技大学出版社，2014，第101页.

［27］Cristiano, Giuseppe. The Storyboard Design Course. London UK: Thames & Hudson, 2008, 30.

［28］[英]约翰·伦尼·肖特.城市秩序：城市、文化与权力导论[M].上海：上海人民出版社，2015，第280页.

［29］[美]大卫·哈维.后现代的状况：对文化变迁之缘起的探究 [M].阎嘉，译.北京：商务印书馆，2020，第212页.

［30］古杰.时间地理学的符号系统及其规划意义 [EB/OL]. https://zhuanlan.zhihu.com/p/35553904, 2018-04-11/2022-03-15.

［31］ArcGIS模型构建器——时空路径的制作与分析 [EB/OL].https://zhuanlan.zhihu.com/p/148243361, 2020-06-14/2022-03-13.

［32］[英]约翰·伦尼·肖特.城市秩序：城市、文化与权力导论[M].上海：上海人民出版社，2015，第286页.

［33］萧世瑜等.第2章　时间地理学与时空GIS. In 城市人群活动时空GIS分析[M].北京：科学出版社，2018.

第六章　环境艺术设计专业调研方法

第七章　适用于环艺专业的设计表现方法

　　任何设计概念和方案，最终都必须用一定的和具体的呈现方式表现出来。如果将设计方法论停留在空谈设计在地文化和概念上，设计变成文本到文本的空泛理论，就无法用可视化的方式表达设计观念。因此，设计表现方法仍然是设计方法论最为重要的环节。

第一节
设计图像拼贴（collage）

1. 概念

　　近年来，一种场地状况的创意表达方式正在变得流行，叫作"拼贴"（collage）。这种流行化或多或少与互联网发展推动的专业资讯传播途径多样化有关。当代的艺术设计专业学生更习惯在网上搜索国内外案例作为参考或灵感来源，"拼贴"这种创意表达方式早已成为国外建筑相关专业学生熟练运用的工具，并逐渐融入国内设计专业的教学实践中。近年来，海外留学生回国进入高校任教情况也越发常见，这批在国外设计院校接受了新颖理念与方法的留学生自然会把所学所想融入自己的教学方案，从一位知识接受者变成了传授者，将更多元化的理念与方法带回国内，传授给一代代学生。

　　"collage"一词源自法语"coller"，意为"粘贴"，形象地表达出了它原始的制作方法。环境设计过程当中运用的拼贴方法，主要是一种帮助思维运转和表达的工具，用于分析空间使用的情境。一张拼贴意象图截取的是一个场所（或城市）的精神，但却是以一种暧昧的方式。[1]制作拼贴意象图的原材料不限于手绘、照片、任何影像或图形，当然也不限于传统的手工剪报式拼贴或利用电脑图形处理软件。长久以来，照片被视为对已经存在的事物的记录，但每一张照片中都包含了多种要素甚至蕴含拍摄者自己选择的主观视角，因为一张照片未必是完全客观的而是存在主观解读的空间；手绘草图则无法呈现出可比拟照片的真实性与细节刻画程度，但往往体现出了极强的主观性。如果拼贴是一种改变认识的工具，那么它恰好可以解构真实环境中的各种要素，将其置换成偏向主观或客观的各种图像表现形式，从而表现出复杂的空间情境，进而操控这一情境在人脑海中的意象。

要了解拼贴意象图的具体创作方法及工作原理，有必要先了解一下电影中的"蒙太奇"概念。蒙太奇音译自法语Montage，原为建筑学术语，意为构成、装配，电影发明后引申为"剪辑"的含义，属于一种有意涵的时空人为地拼贴剪辑手法。通过对两个画面或场景进行叠加并按一定序列播放，两个镜头的并置可以在观看者的脑海里暗示出一个故事性的想象，从而通过观众的主动感情思考完成对影片的叙事性理解。"蒙太奇"最基本的电影剪辑技术有"连贯""删剪""渐隐"。"连贯"和"删剪"是最基础的两种连接两个镜头的方法：前者是简单地构建一系列连续画面，而后者则是将影片分离后在时间线上重新排列画面以支撑电影的叙事结构的剪辑手法。"渐隐"则是一种使得图像间渐变换的手法，其中一幅图像在消隐的同时另一幅图像也逐渐显现。在大多数情况下，渐隐使两个无关的镜头以一种尽可能不被察觉的方式衔接过渡过去，这是把观众带入叙事情境的一种有效手段。"蒙太奇"即是法语中"组合在一起"的意思，是苏联导演谢尔盖·艾森斯坦在他的电影中经常用到的一种剪辑手法，用来拍摄编辑并列的场景。他认为，相较于只是把相关的图像放在一起，把对比反差大的镜头放在一起更会引起观众的

第七章　适用于环艺专业的设计表现方法

强烈反应，在意识中形成一个叙述。[2]

　　"蒙太奇"的电影剪辑手法是如何影响到"拼贴"这种表现手法在环境艺术设计领域的应用的呢？此种技术最初由柯林·罗和弗瑞德·科特在《拼贴城市》一书中着重介绍。[3]在书中，作者用拼贴技术作为方法论，提出一个可以容纳所有乌托邦缩影的"拼贴城市"愿景，从而抵抗那种单一的"总体性规划"或"总体设计"的城市空间秩序。拼贴技术的具体操作方法是通过截取元素片段、添加不同元素并重新布置元素形成特定的构图。一张拼贴意象图的表达可以通过并置一个地方的特色元素（人物、地标建筑、景观元素或象征性图案）来反映这个场地的整体意象与精神。在一个场地的未来命运还未明晰的情况下，运用拼贴技术对地方性元素进行打碎重组以创造事物间新的联系，能够激发设计师与利益攸关者对于场地建造的美好想象。这种美好的想象不仅包含城市空间、建筑或景观等物质性实体，还包含着在此场地上发生的一切人类活动与自然生态。

　　2. 操作

　　在实际操作层面，一张拼贴图会尽可能地摒弃真实场景中的光影关系，除非光影关系为主要的设计概念。这是因为反射、折射等真实的光影关系属于冗余信息，保留过多无法突出反映人与空间的纯粹互动关系。此外，拼贴意象图也并不拘泥于真实环境中的透视关系，立体的建筑物可以与平面地图结合以增加视觉上的肌理感，人物也不必与自然景观形成真实的比例参照关系，元素之间仅仅因为在构图布局上靠近而产生恰当的联系，相互暗示。在多媒体工具发展的当下，拼贴制作已大多借助电脑 Photoshop 软件进行平面化处理，运用软件中的强大图层管理系统实现任何元素构图创意（见图 7.1）。相比之下，手工剪报粘贴的拼贴方式尽管保有了一定立体感和可触摸性，却还是被数字化手段全面替代，更多像是一种复古情怀的展现。然而，有另一种独特的拼贴方式能够同时唤起手工拼贴的精神以及数字拼贴的精致细节。这种方式跳出了二维平面，成为 2.5 维的立体表达（见图 7.2）。这一方式模糊了平面图形与三维物理模型的界限，以一种新颖的方式将空间打碎重组，激发对于未来城市空间的想象。[4] 值得注意的是，立体拼贴更多体现了一种批判性的思考方式，创作者富有想象力地将本地叙事和城市空间结合起来，以反映一个共同文化叙事稳定性被后现代城市空间的异质混乱所掩盖的时代。

图 7.1　英国文化创意产业空间拼贴意象（图片来源：作者自绘）

图 7.2　2.5 维半立体拼贴（图片来源：Short Stories: London in two-and-a-half dimensions）

　　　　　　　　　　第七章　适用于环艺专业的设计表现方法

3. 适用情境

环境艺术设计过程中运用的拼贴技术可以概括为一种思维方式和表现方式。许多著名建筑师，例如米拉莱斯夫妇都非常善于运用这种技术来推敲他们的设计概念。另外，服装设计专业常用的情绪板（moodboard）也是一种典型的表达情感和灵感的拼贴方法。拼贴作为一种表现方式，让创作者能够直观地表达出对场地或空间的一种完整而又片段化的感性认知。拼贴图的自由表现形式使得它往往能够传达出包含在一个项目的所有图纸和效果图中的关键信息，这是单一的图纸做不到的。换句话说，在空间设计的图纸落地之前，拼贴意象图描绘出一幅模糊而暧昧的空间图景，可视为一种过渡性方案。

4. 运用范例

图 7.3—7.4　蛇口老街拼贴意象图（图片提供：深圳大学 20 级环艺系本科生）

图 7.5　以"中世纪建筑符号元素"为概念的商业空间设计拼贴意象图
（图片提供：潘璇、颜家珑、祝滢滢、丁诗怡）

图 7.6　以"东方纺织档案馆"为概念的零售店铺设计拼贴意象图
（图片提供：关雅蔚、苏湘乐、陈晓烨）

　　　　　　　　　　第七章　适用于环艺专业的设计表现方法

环艺设计方法论

图 7.7—7.8　超现实商业空间设计拼贴意象图（图片提供：李焱）

　　　　　　　　　　　第七章　适用于环艺专业的设计表现方法

图 7.9　以"岩石洞穴"为概念的商业空间设计拼贴意象图（图片提供：李好、徐若瑄）

图 7.10　诚品生活方式空间设计拼贴意象图（图片提供：何哲婷、谭君茹）

售酒　　　　　　　酿造　　　　　　　体验　　　　　　品酒

图 7.11　商业空间设计策略拼贴图（图片提供：刘希阳、张胜佳）

图 7.12　以"树"为设计概念的商业空间拼贴意象图（图片提供：赵雅峻、洪姚）

图 7.13　商业空间设计拼贴意象图（图片提供：冯俊涛、程奇奇）

　　　　　　　　　　　第七章　适用于环艺专业的设计表现方法

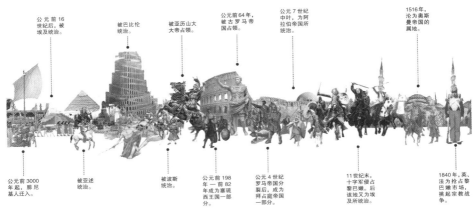

公元前 16
世纪后，被
埃及统治。

被巴比伦
统治。

被亚历山大
大帝占领。

公元前64年，
被古罗马帝
国占领。

公元 7 世纪
中叶，为阿
拉伯帝国所
统治。

1516年，
沦为奥斯
曼帝国的
属地。

公元前3000
年起，腓尼
基人迁入。

被亚述
统治。

被波斯
统治。

公元前 198
年——前 82
年成为塞琉
西王国一部
分。

公元 4 世纪
罗马帝国分
裂后，成为
拜占庭帝国
一部分。

11世纪末，
十字军侵占
黎巴嫩。后
该地又为埃
及所统治。

1840 年，英、
法为抢占黎
巴嫩市场，
挑起宗教战
争。

共创共荣——融入世界的〔文教建筑〕室内环境设计：援黎巴嫩国家高等音乐学院设计

图 7.14　黎巴嫩国家高等音乐学院室内设计——历史拼贴图（图片提供：李展鹏、李施浩、吴嘉鹏）

图 7.15　深圳福田高铁站出租车广场拼贴分析图（图片提供：何哲婷、谭君茹）

环艺设计方法论

Community
Urban Public Life "glue"

small Business
Complex 2016
Office, exhibition, restaurant, conference

图 7.16　深圳价值工厂再设计拼贴意象图（图片提供：钟慧敏）

DEATH MASK
The Old Town Hall
"The Date Joint"

+57.6m
1808
(Old) Town Hall was built
+56.5m
1832
Newly built (Old) Town Hall
Building extension
+56.1m
1866
Building extension
Moin facade: fronting Waingate
+55.3m
1890
(New) Town Hall was built
+54.3m
1896
Change of use: (exdusively) as court
Renamed: Courthouse
+53.1m
1973
Inducted as Listed Building
End part demolished
+52.4m
1977
Left disused

图 7.17　将建筑平面与立面结合的拼贴分析图（图片提供：寇宗捷）

　　　　　　　　　第七章　适用于环艺专业的设计表现方法

第二节
设计场地电影（filming the site）

1. 概念

对于他人并不熟悉的环境，静态的图纸有时候不足以反映出场所的真实状况以及代表性的细节特征。而动态的影像则能够生动地将场地细节表露出来，更重要的是，能够通过剪辑手法影响观看者对空间的感知。作为一种非传统的场地表现方法，电影策略正在形成一套新的方法论来解释建筑与城市空间。随着 21 世纪电影与电影院的普及，人类从未如此透彻地了解我们生活的环境，通过电影认知世界这种形式似乎也越来越常见。对于城市与电影之间关系的关注其实早在 19 世纪末已经出现，但直到 21 世纪初才逐渐显露出来。[5]大卫·克拉克在《电影城市》（1997）一书中表明，与绘画或摄影等视觉表现方式一样，城市空间也完全可以用电影理论来研究。[6]城市与电影的关系由于在两个领域都是近乎模棱两可的存在而一度被理论界忽视，但不可否认的是，城市已然被电影形式所塑造，并且没有城市空间的电影本身也无法发展。电影是在日常的城市、建筑和室内空间拍摄完成的，现代社会的快节奏生活组成了电影的一帧帧画面，反映着各式各样的都市现象。也可以说，电影是在试图掌握变化的社会空间形态，因此电影城市的概念可以产生一系列洞察城市的复杂且有价值的见解。

目前，电影拍摄技术已经在多年的建筑实践和教育中得到了应用，也产生了一些理论提出把电影作为一种语言工具来解读城市空间的思想。城市空间与电影的关系在各自领域中都引发了大量的讨论和争议，本章节将对利用电影拍摄技术来考察反映场地的方法论进行举例阐述，并引发一些批判性思考。

电影不仅能够通过拍摄地标建筑或标志性城市景观来展现一个城市的概貌，而且可以通过情节设置和剪辑手法铺陈出一个新的故事叙述给观众。如前文提到的，电影主要是运用"蒙太奇"的拼贴手法，将不同场景下拍摄的画面组合在一起形成或连贯或反差的视觉效果，从而达到将观众带入导演设置的叙事情境中的目的。世界上最早的电影《火车进站》（1895）由卢米埃尔兄弟拍摄完成。尽管这部纪录片式电影展示了一段仅50秒的单一镜头——巴黎萧达车站的月台上一辆火车正在进站，参与首映的观众仍被影片记录下的真实影像惊吓到以为火车将冲向观众席。由此可见，电影从一开始便具有引导观众进入设置好的叙事情境的作用，通过编辑整合画面即可影响观众对空间的感知。后来的黑白电影《大都会》（1927）与艾森斯坦导演的《战舰波奖金》（1925）都体现了对蒙太奇技术的熟练运用。

叙事意味着电影能够讲述一个空间如何被利用，并且可以揭示一个城市空间无以言表的历史角色。[7]芭芭拉·曼内尔在她的书中解释了早期电影如何运用城市街道画面来辨认城市，同时作为情节叙述的一部分。城市中的场所变得易于理解不单单是因为其画面呈现出来的表象，更因为它把情节设置嵌入了既定的时间线而形成了故事性。另外，我们通过电影理解一个城市的方式也可能被多种因素影响，例如观众的社会地位、性别、年龄以及文化背景。每一帧画面对于不同的观众来说也许会产生不同的意义。因此，与其说电影把城市呈现给了观众，不如说它给城市与观众提供了一个相互对话的机会。正如许多都市题材电影都惯于整合一系列城市街景来作为反复出现的主题，这样的场景衔接使得电影画面限定于这一城市空间，成为与角色主体对话的依据。[8]早期沃尔特·鲁特曼的《柏林：伟大城市交响曲》（1927）和当代导演王家卫的《春光乍泄》（1997）等电影都体现出了这样的双向解读关系。

电影是一种空间移动的艺术。我们与城市的互动是同时"存在于空间和时间维度"的，因此解读城市空间最好是通过实质性的动态参与。换句话说，

　　　　　　　　　　　第七章　适用于环艺专业的设计表现方法

图 7.18　《柏林：伟大城市交响曲》（1927），导演：沃尔特·鲁特曼[9]

身体的移动可以塑造一个空间本身，也即是社会实践。在这样的背景下，由电影叙事引导的对城市与建筑空间的视觉阅读可以解释我们如何穿梭于空间，并且影响空间重组的方式。在研究了电影这种解读城市空间的方法后，笔者被其转换空间、时间与现实的极大潜力所吸引，并希望能够充分理解这种电影语言工具是如何影响人们对于空间、场景和建筑物的感知的。于是在英国求学期间，笔者曾尝试运用此种方法试验一下它的空间化作用，用非传统的调研方法考察设计项目场地。

2. 运用范例

本案例是基于为场地调研而制作的实验性电影，用来验证电影作为空间表现方式的可行性。设计项目场地选址于中国历史文化名城苏州的平江路，目标是重建一座老城区街道内的菜市场。在关注城市更新策略和在地居民意愿的主旨下，设计探索了多样化菜市场空间的潜力。在场地调研方面，笔者一直在思考如何既体现千年古城的发展肌理，又呈现复杂新旧交替环境历史街区的过去、现在与未来，并且让它以一种通俗易懂的方式传达出来。电影是笔者想到的能够抓取这片场所精神的最有效工具语言，因其具有同时容纳时间与空间的特性。平江路这片街区一直隐含着政府主导旅游开发与在地社区日常生活之间的矛盾，此状况与英国谢菲尔德"城堡市场"（Castle Market）面对的历史境遇颇为相似，同样出现了曾经的市中心大众菜市场面临周边区域大规模城市更新发展后对居民传统日常生活的挤压。因此笔者选取了谢菲尔德"城堡市场"作为支撑设计调研的一个对比案例，并构成电影的开篇部分。

应用到实验电影中，影片的第一部分谢菲尔德"城堡市场"使用了一组连续的镜头跟随着拍摄者（本人）的路径穿梭于菜市场的室内，记录着菜市场中空间、生鲜食品、商户、居民等一切日常生活情景。这一序列的图像不仅展示了室内装潢、柜台布置和购物路径，同时能够让观众以第一视角的感觉仿佛置身于市场中。通过电影媒介对市场内部的日常活动进行完全真实的记录，可以勾勒出一幅英国本地菜市场空间氛围。

至于影片的第二部分即本人的设计项目场地——平江路，即从网上收集到了一些历史影像资料，把它们用蒙太奇手法重新剪辑。这些黑白影像资料记录了 20 世纪 60 年代这片古城区街道里本地居民的生活画面，如实地反映了当时的建筑风格和社区形态——原真的小桥流水白墙黑瓦风貌、在茶馆喝茶聊天的老百姓们、骑着自行车或踱步过桥的路人、在河边洗衣做饭的妇人或躺在竹椅上小憩的老人。所有这些场景画面都显示出一种宁静的氛围，而这也是几十年前这片街区最司空见惯的日常景象。通过对历史影像资料的引用，观众便可以从城市背景画面的交代中对场地有大致了解。

接着，画面开始出现对平江路沿河片区手绘地图的扫描式拍摄。随着扫描式拍摄的画面渐渐减淡，一位船夫划着船在河道中由远及近的画面与街区地图画面开始重叠。此时，电影剪辑中的渐隐和重叠技术合力表达了同在时间和空间两个维度上的运动。之后，一系列当代的街道场景和居民活动的镜头交叉剪辑，这些看似无关联的镜头暗示着从过去到现在的时间过渡。随着画面逐渐由黑白变为彩色，影片开始对当代生活进行叙述：在夜晚昏暗的灯光下，这个古城中心街区显得越发精致优美，也吸引着越来越多游客到此；

　　　　　　　　第七章　适用于环艺专业的设计表现方法

图 7.19　场地电影：谢菲尔德城堡市场 VS 苏州平江路菜市场（图片来源：作者自制）

在白天，这片区域的主街也变得比过去更加繁忙，同时接纳着本地居民与游客，还有自行车、三轮车与机动车。

　　然后画面切换到选定的场地——菜市场原址（原本的菜市场在一场大雪中倒塌并且随即被清理干净）。基于对菜市场或者说市集这种空间形式的历史发展研究，笔者决定用动画（也是电影的一种表现形式）来叙述市场交易是如何由老苏州船上市集到小商贩摆摊经营过渡到菜市场综合管理，再到最终又是如何被摧毁的。画面由场地空置的一幅现状照片作为底图，配合手绘的定格动画展示了这一转变过程。在笔者看来，这种方法可以让观众了解到场地的历史变迁，也鼓励合理的想象来预测场地未来发展的可能性。

　　通过尝试多种手段拍摄场地并运用各种电影剪辑技术来组织这些影像材料，笔者也不断地加深着对场地的理解，以及对电影语言的理解。

　　3. 适用情境

　　联想到上文提及的故事板与拼贴方法，场地电影似乎融合了上述两种技术。由此可见，情境的构思与描绘是环艺设计表达意象的一种主要手段，而且其中人的元素显然必不可少。一个场景中只有加入了人及人的活动才能够塑造出情境。

电影之所以被视为一种综合性艺术，是因为它的制作过程包含了艺术观念、审美、活动、摄影、画面组织和情节叙述等众多要素。自 20 世纪以来，许多建筑师都发掘了电影对现代建筑的明显影响力并投身于电影制作的实验，其中的经典案例如柯布西耶于 1928 年拍摄萨伏伊别墅的纪录片《漫步空间》，即为当时一种诠释建筑观念的全新方式。然而，到了 21 世纪，关于电影如何与城市建筑设计研究关联，甚至影响城市规划与建筑设计等议题的探讨仍处于边缘化地位。无论此议题将来如何发展，将面临何种挑战，作为环境艺术设计的学生与设计师仍然可以通过学习电影城市的方法论，从中获得独特的视角和空间设计策略，而后以一种有效的方式应用到城市更新发展规划中去。

第三节
设计表现图绘（mapping）

1. 概念

"图绘"(mapping) 是对场地上某个或多个显著特征进行图像象征化处理的手段。从词义上理解，"map"可以翻译为"地图"或者动词形式"画地图"的意思，而"mapping"在设计语境中更多地代表了一种建立信息与信息之间关联的方式，这种关联不限于物与物、物与人、人与人或人与场地之间。这一方法的重点在于表达发生关联的过程，从而得以分析关系背后的成因，而非只是为了呈现最终的图绘成果。图绘的探索作用往往优先于表达，它的服务对象更多是制图者/设计师自身而非观者。观者看到的图绘成果只是制图者探索人类空间活动的"副产品"。与"拼贴"方法相似，如果图面的绘制过于关注表达效果如光影、比例、透视等，则难免会削弱场地与设计思维的真实复杂性。在具体操作层面，图绘在现有的地理信息技术基础上综合运用了拍照、Photoshop 图像处理和三维建模等技术；有学者总结，图绘的信息组织逻辑大致可归纳为序列、矩阵、并行、网络与解构，它们可以在不同程度上反映复杂事物在空间、时间和认知层面的结构与过程。[10] 虽然图绘与拼贴都具有解构信息的核心特征，但图绘更注重空间要素的逻辑关联，且往往针对的是某一特定场地或空间。总体来说，图绘比拼贴方法更具象、更具有问题指向性，且两种方法分别运用于设计过程的不同阶段。从本质上来说，设计环境就是以某种新的视角描绘空间里发生的各种社会关系，这些新的视角往往是由设计师出于某种探索的目的而开启的。

目前，关于图绘的文献也主要围绕探索其作为一种设计方法的潜力，为研究复杂的城市环境开辟了新的视野。有学者认为，城市图绘是一种图解化的空间知识生产形式，体现了一种不能简化为文字和数字的空间逻辑：尽管长期以来 GIS 地理信息系统和其他数字技术一直在提升关于城市地理空间数据的表达能力，但图绘不可替代的作用在于能够不断产生新的视角/方式来观察、理解、规划和设计城市空间环境以及人的生活方式。[11] 不同于反映客观地理特征的制图学意义上的传统地图，图绘将地理空间形态与人们如何感知空间的方式结合起来，以此指导构想未来城市空间转型的可能性。总而言之，图绘就是基于文献背景考察，利用场地调研的数据，用可视化手段来反映并分析地理现状与社会关系的重叠。

图绘的两种基本类别可以分为地理图绘和行为图绘，也会在其各自基础上不断演变形式。地理图绘（geographical mapping），是在传统意义的地图测绘基础上运用视觉系统突出地理环境中的某些重点元素，如广场、植被、水体、交通空间、建筑类型等，更加注重城市形态学现象的研究（见图 7.20）；

图7.20 地理图绘：选择中国一座城市图绘出不同绿化类型的分布，包括自然植被、开放空间、城市农业、基础设施绿地、公园和水体，中国美术学院建筑艺术系"绿色地图"课程作业（图片来源：作者自绘）

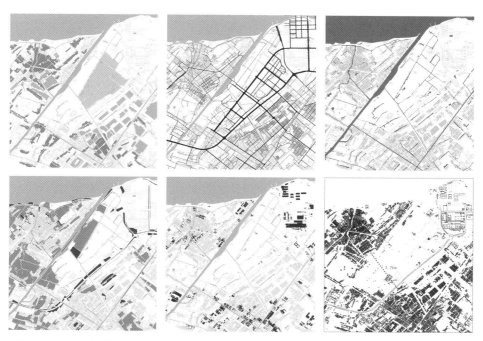

图7.21 地理图绘：场地要素分布，包括居住空间、道路肌理、河流水系、绿化植被、厂房公建和乡镇区位，中国美术学院建筑艺术系课程作业（图片来源：作者自绘）

　　　　　　　　　　第七章　适用于环艺专业的设计表现方法

图 7.22 地理图绘：曼哈顿城市空间功能混合（地籍）（图片来源：Dovey, Kim, Pafka, Elek, & Ristic, Mirjana. Mapping urbanities: morphologies, flows, possibilities. New York: Routledge, 2018, 29. ）

环艺设计方法论

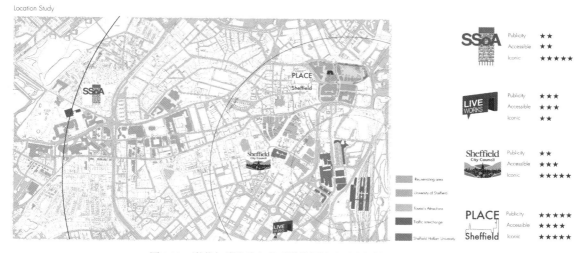

图 7.23　谢菲尔德公共与基础设施图绘（图片提供：寇宗捷）

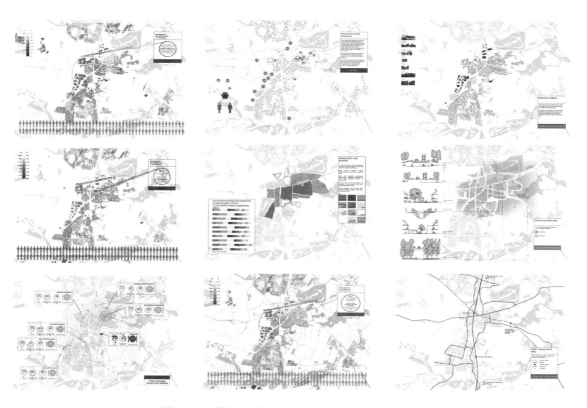

图 7.24　区域场地要素地理图绘（图片提供：寇宗捷）

　　　　　　　　第七章　适用于环艺专业的设计表现方法

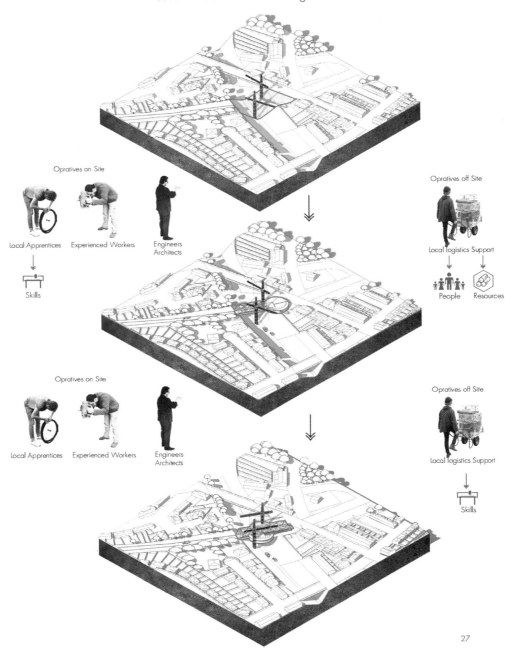

图 7.25　建造过程图绘（图片提供：寇宗捷）

行为图绘（behavior mapping）要求研究者跟踪某些活动在公共领域的人群，通过观察使用者的行为、记录他们在空间内的活动轨迹来分析人群是如何使用空间的，它可以帮助识别使用者在特定环境中行为的潜在模式。[12]换言之，行为图绘是观察人们行为和建成环境要素与特征之间关系的一种客观方法。[13]地理图绘和行为图绘都是以场地为中心的关系图绘制，目的在于追踪空间肌理变化与使用者行为之间的互动关系。

社会关系图绘则是在上述两种传统图绘方式的基础上，以特定的社会现象或社会事件为中心而发展起来的一种更具创造性和跨学科性的方法。[14]社会关系图绘主要考察的是围绕某个特定的社会经济文化主题的事件／活动／现象的发生过程及影响，可能涉及不同的群体而不仅仅是个人参与者。它需要在地图上或以图解的方式表现出一定的社会空间信息，从而在当地语境中比较自下而上的社会行动网络和自上而下的城市权力机构对空间的占用／使用情况，也即"空间自组织"关系。[15]然而，想要将社会关系的复杂性图绘出来仍是较有难度和挑战性的，因为社会关系网络和群体活动虽然发生在空间环境中，却也超出了空间维度。就像现象学家梅洛·庞蒂解释的那样，我们身体运动参与空间实践不是简单地发生在空间或时间里，而是"占据在空间和时间的压缩中"[16]。社会关系图绘的核心目标是使得空间中蕴含的不可见的结构性关系——无论是政治的、社会的、经济的，还是文化的结构显露出来。在西方学术界的研究里，图绘有时甚至作为"反地图学"的先锋地位而存在，因为它能够通过考察社会现象揭露出空间中隐藏统治权力结构，并拥护边缘化主张及非正规建造方式。由此可见，图绘不仅是一种表现手法，同时也是一种研究方法，作为深入考察地理及社会空间中发生的一切关系的起点。

在早期的图绘理论方面，景观建筑师詹姆斯·科纳（James Corner）曾表示过应将"地图"视为一种围绕活动而展开的设计工具，而不仅是一件人工制品。[17]近几年来，英国建筑学者尼尚·阿旺（Nishat Awan）一直致力于研究如何用图绘表现那些生活在不同文化、空间和时间内的人体验空间的方式，以及那些边缘化群体的空间体验。[18]这便是对于图绘作为一种设计工具的创新探索实验。她认为，长期以来制图学意义上的地图或许是一种带有主流叙事功能的统治性工具，哪些信息值得提取、描绘出怎样的现实状况，这些主导权本身就掌握在具有相关知识背景的专业人士和权威机构手中，如规划部门和建筑师。因此在她的方法论中，一张反映真实社会状况的情境化图绘应该打开聆听不同声音的渠道，使得原先被忽视的居民对空间的另类使用方式显露出来，允许另一种叙事加入主流话语来探讨未来空间变化的多种可能性。

2. 运用范例

"Mapping Occupy"（图绘占领行动）是尼尚·阿旺博士和特蕾莎·霍斯金（Teresa Hoskyns）博士在英国谢菲尔德大学建筑系任教期间开展的一场研究生教学实践，课题的内容是研究伦敦金融城公共空间与私有领地之间日益模糊的边界，旨在通过行动测试来探索这些空间边界。学生组的研究始于参与当时的"Occupy LSX"（占领伦敦证券交易所）行动、搜集信息并将整场社会事件用图绘表现出来。占领 LSX 始于 2011 年 10 月 15 日，是全球抗议经济不平等和政治权利被剥夺运动的一部分。学生绘制的占领运动营地的地图，通过地图图解来理解"占领运动"这种参与式民主结构是如何塑造公共空间的：当时的占领运动者在圣保罗大教堂外的公共空间自发组织出一个"村庄"，包括居民区帐篷、信息帐篷、帐篷城市大学、厨房帐篷、公共厕所区和集结区。每个学生选择了营地的一个方面进行跟踪研究，分析营地中公众的决策发生方式（见图 7.26），然后描绘营地的空间组织布局和各种辅助功能安排，以便让数百人在圣保罗大教堂外居住数月（见图 7.27），最后到质询这场占领运动最初发生的原因（见图 7.28）。[19]这些图绘的目的是为了理解"占领"既是一种激进运动，也是一种空间居住方式，最终希望能够发现图像化表达对于连接政治议题与空间议题的作用。

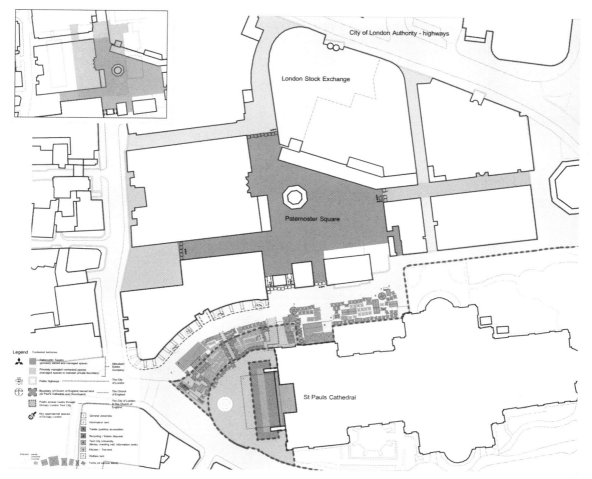

图 7.26 "占领伦敦证券交易所运动"边界,由 Carl Fraser 绘制(图片来源:Nishat Awan & Teresa Hoskyns,2014.)

第七章 适用于环艺专业的设计表现方法

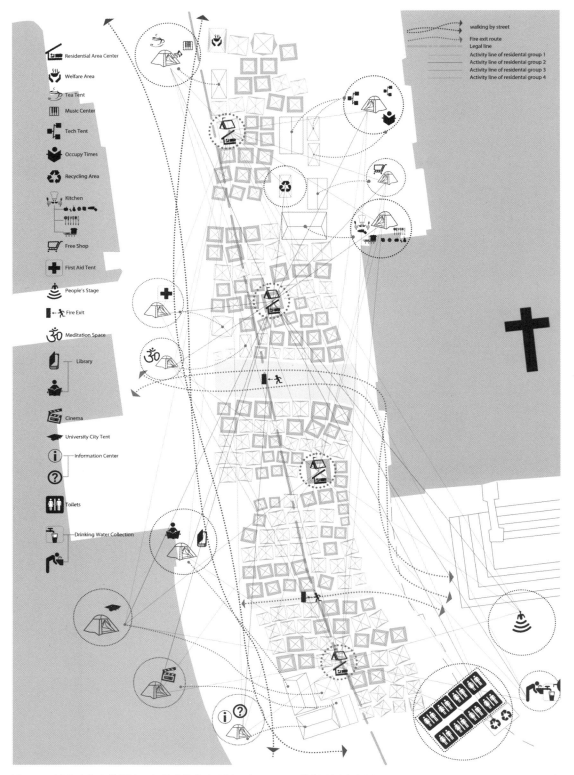

图 7.27 辅助功能安排图绘：怎样才能在这生活？由 Qian Wu 绘制（图片来源：Nishat Awan & Teresa Hoskyns，2014.）

OCCUPY LONDON - GENERAL ASSEMBLIES

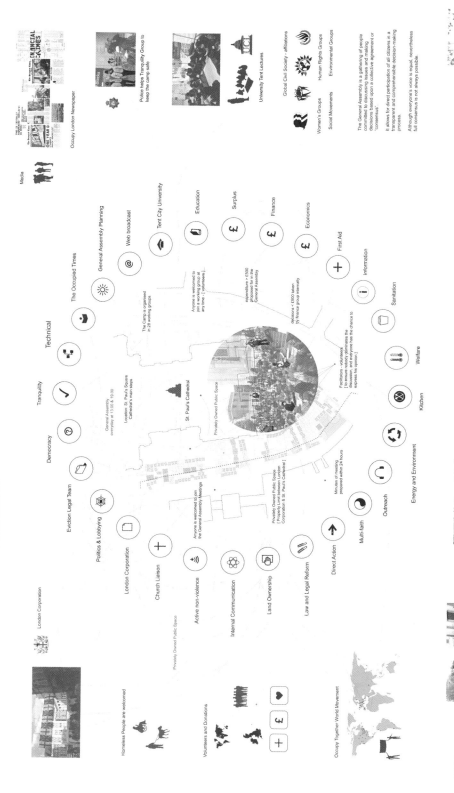

图 7.28　组织结构图绘绘：集会和决策（图片来源：Nishat Awan & Teresa Hoskyns，2014.）由 Marinela Petrina Pasca 绘制

3. 适用情境

时至今日，社会现象、社会事件因传播媒介的迅捷发展而变得越来越显性。关于地理空间的表达，已有较为成熟而系统的理论与实践方法指导，但关于社会空间的表现方式，还仅仅在英文文献中得到过较为明确的阐述。图绘方法在中国的发展主要随着国外建筑系留学生回国实践或任教而展开，其中的代表性案例有华南理工大学建筑学院的何志森老师和他创立的 Mappping 工作坊。他倡导的"同理心设计"理念和以图绘为主的教学方式正在成为许多设计院校教学改革的参考方向。一切始于 2014 年，何志森博士毕业回国在高校开展起了 Mapping 工作坊，其中一个名为"都市侦探"的工作坊将关注点聚焦在了卖冰糖葫芦的小贩身上。通过跟踪观察城管和保安的巡逻路线并在地图上标注摄像头、地铁站、公交站等位置，为小贩制定出了一条"逃跑路线"以躲避追罚。这场看似与建筑设计无关的社会人类学实验在媒体上引起了广泛的探讨甚至质疑，但 Mapping 工作坊的实践实际上已经开始引导反思建筑设计与建筑师在当代社会角色的这一议题。Mapping 工作坊随后在全国多个城市都开展了聚焦菜市场、城中村等市民空间的重塑计划，这些实践皆反映了对普通城市居民甚至底层人群生活状况的密切关注，从而激发更大范围的对于城市空间正义的质询。图绘则是他们实现这一目标的创意手段。

在信息技术与国际交流的大背景下，图绘方法已被移植到国内各大设计院校的专业教学实践中，并有逐渐普及的趋势，但这一创新方法传入中国之初仍被质疑过图面复杂且晦涩难懂。这是因为这种方法挑战了传统的标准化设计流程：设计过程中的审美考量主要采取符号化处理方式，较少考虑到深层的社会文化关系表达。视觉化的显性图像表达仅作为设计成果而呈现，设计过程更多的是依靠建筑师手绘草图，较少采用过解构图像信息的方式分析研究场地诸要素以启发设计。当然，以往标准化的设计流程大多受限于早期电脑信息技术手段贫乏，而图绘方法的广泛传播也有赖于近二十年互联网、软件等技术的发展。总之，无论是技术手段的持续迭代，还是当今社会及城

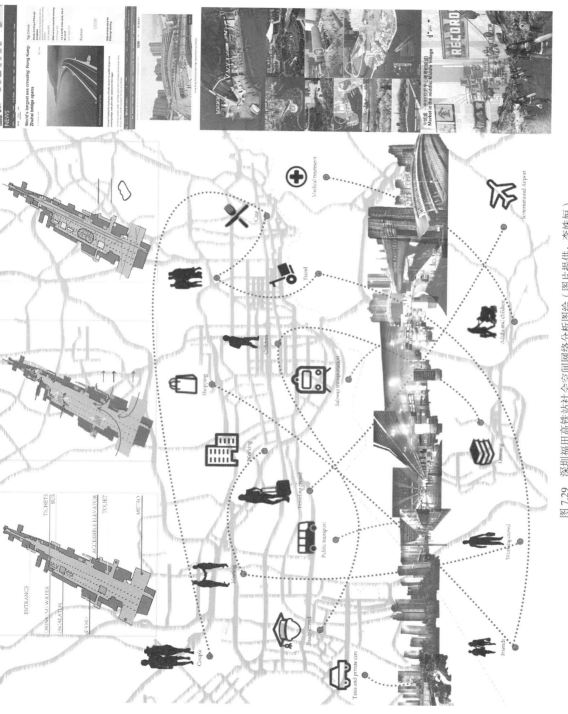

图 7.29 深圳福田高铁站社会空间网络分析图绘（图片提供：李姝娅）

第七章 适用于环艺专业的设计表现方法

乡空间不断演变带来的复杂性，都要求用更加创新的设计方法来辅助思考并解决现实环境中的问题。

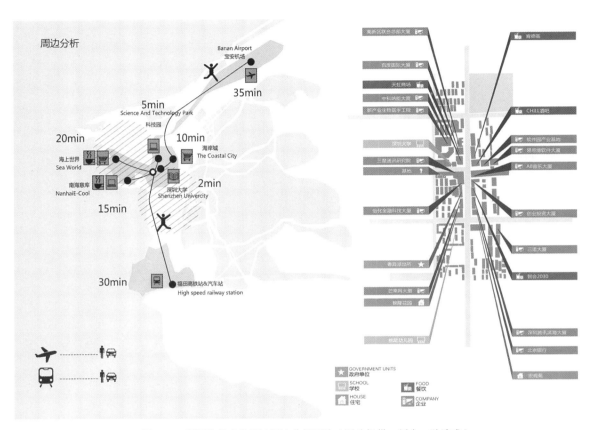

图 7.30　深圳软件产业基地周边分析图绘（图片提供：刘今、孙浩成）

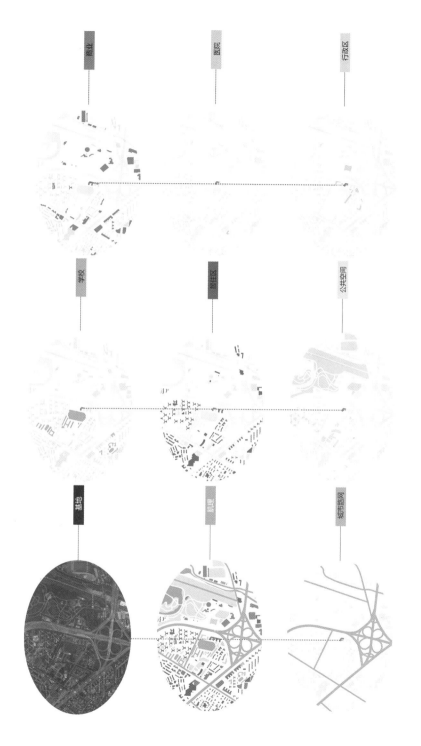

图 7.31　德福老年日间中心设计——基地分析（图片提供：王劼）

第七章　适用于环艺专业的设计表现方法

第四节
手工实体模型制作（model making）

1. 概念

经过前期场地调研以及场地表达，下一步便是探索空间的初步想法。随着时代和电脑技术的进步，三维空间建模软件不断更新迭代使得任何大胆且复杂的想法都能够在虚拟环境中得到表达。然而，手工实体模型仍有着电脑技术无法替代的作用，一直以来都是建筑设计及相关专业最常用的推敲想法的手段。从本质上来说，实体模型可以让观众无须自己在脑海里想象空间就可以初步地感知到那个即将建成的三维立体空间，尤其表现在它的可触及性。在设计过程中，模型可以被看作一个象征性缩影，作为一种容易让人理解的沟通方式。手工实体模型与其说是设计方案的最终结果展示，不如说是设计过程中用来帮助思考的工具，让模型的制作者、学生、设计师借助它有效地与教授或客户沟通，从而更好地改善方案。

最早使用建筑模型的记录可以追溯到公元前 5 世纪，古希腊作家希罗多德在 Terpsichore 中提到了一个神庙模型。后来中世纪的建筑师经常旅行各地，研究和记录经典建筑的重要比例数据，然后根据客户的需求进行调整。那时虽然实体模型还不普遍，但偶尔也会用木材搭建出一个特定比例的模型，为了能够向客户提供详细的描述以及估算材料与建造成本。[20] 通常来讲，手工模型指的是增强建筑或空间设计方案最终展示效果的附加产品，由学生或设计公司亲手制作完成，因其方案的针对性与特殊性难以被工业化生产，所以也不同于沙盘模型。在毕业设计阶段，建筑系学生花在制作实体模型上的精力有时不亚于图纸本身，这是一种让方案易于理解且能吸引人注意的方式，同时也已成为建筑学的一项传统。专注品质的设计公司在进行方案汇报时，有时也会配以实体模型来向客户直观地展示设计想法。实际上，手工模型制作可以在设计院校的任何一阶段专业课程中运用，并且不限于某个特定专业，服装设计、产品设计、视觉传达皆有各自形式的工作模型。

2. 操作

我们通常所说的手工模型指的是设计前期用于探索空间组合形式、体量及比例的概念模型。与概念模型相对的是更加精细化、标准化生产的沙盘模型，后者通常作为设计展示终端用于各种商业场景，因此不在本书的讨论范围内。概念模型作为一种交流方式，可以在头脑中的理念想法和建筑的"具体事实"之间起到中介作用。[21]概念模型运用不同的材料，以抽象的语言进行装配组合，来表现空间的设计理念。[22]较为具象的概念模型是用实物几何体来表达空间的穿插或体块的融合，较为抽象的概念模型可以用任何材质来表达设计的过程或想法。概念模型可以大致分为三个类别：实体模型（physical model）、原型组件（prototype model）和材料装配（material assembly）。尽管模型的分类方式可以根据不同使用材料、精细程度、不同专业或应用场景等区分，但此处提出的分类方式主要是依据不同设计阶段的需求和关注重点。

（1）实体模型（physical model）：可以是体块模型、建筑模型、室内模型、场地模型、剖面模型等。实体模型包含的范畴在这三类中最广：涵盖从初步概念的体块推敲模型到设计开发模型，再到较为后期的成果表现模型。在设计较早期阶段，简易的立体块面比纸上二维草图能更好地传达信息，尤其是当一个建筑设计概念围绕形体而展开时。制作体块模型常用的材料有泡沫塑料、有机玻璃和纸板等，它们具有易切割、快速成型的特性。设计者可以运用简单的体块模型立即传达出建筑空间的形状、体量、比例，而不需要花时间刻画建筑结构、材料与功能连接等细节信息。这样也方便设计者自身全局性地审视建筑体量与比例这些设计初期要考虑的形态要素。对于室内空间来说，纸板或木片都是绝佳的快速形塑空间的媒介，它们分隔或围合出的界面

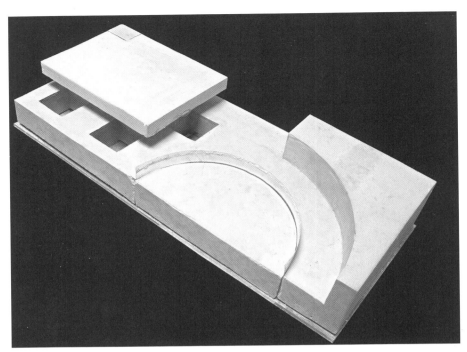

图 7.32　石膏体块模型，中国美术学院建筑艺术系课程"事件与空间"作业（图片来源：作者自摄）

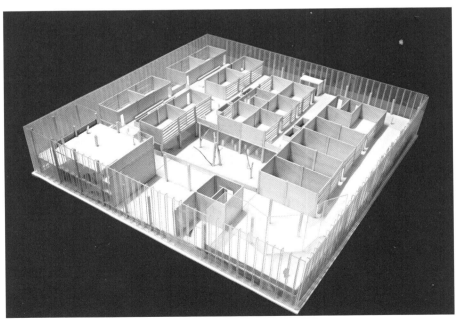

图 7.33　学校设计方案展示模型，中国美术学院建筑艺术系课程作业（图片来源：作者自摄）

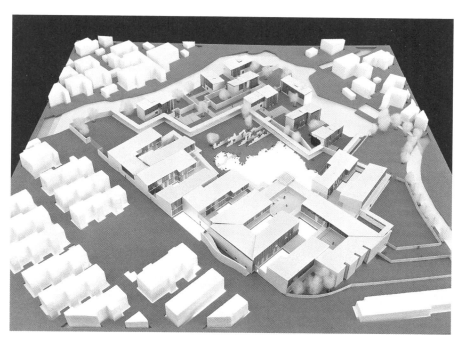

图 7.34　建筑设计与周边场地模型，中国美术学院建筑艺术系课程作业（图片来源：作者自摄）

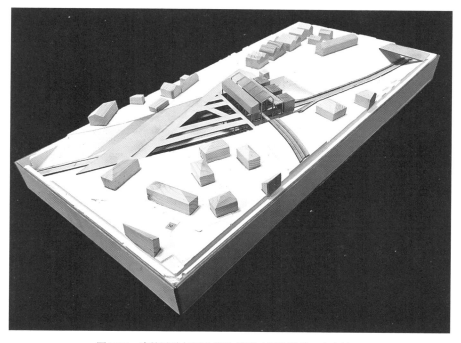

图 7.35　建筑设计与周边场地模型（图片提供：寇宗捷）

　　　　　　　　第七章　适用于环艺专业的设计表现方法

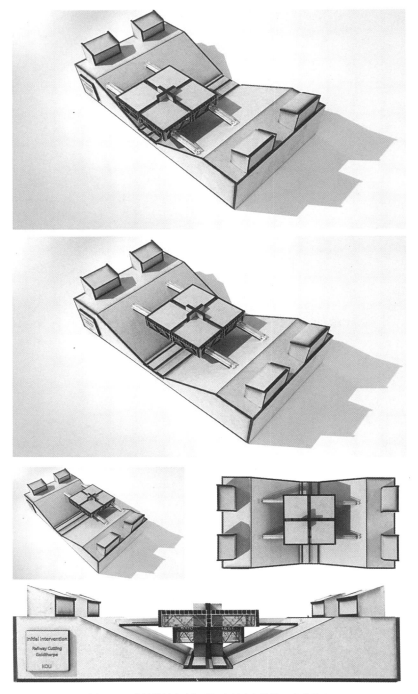

图 7.36　建筑设计与剖面模型（图片提供：寇宗捷）

图 7.37 建筑内部空间模型（图片来源：作者自摄）

可以较为概括且具象地反映出设计完成后的空间布局，为下一步精细化设计确定了框架。对于城市规划和景观设计专业的学生来说，场地模型往往是更常用的模型类型，尽管大多数时候建筑设计方案也会配备一个带有周边环境的场地模型。场地模型的表达重点在于设计场地的周边环境，尤其是现存环境与新加建构筑物的关系。在城市环境中，场地模型通常以 1：2000 或 1：1250 的比例制作是最有效的，因为这方便与常用的地图比例尺相对应，使得设计参与者可以进一步相互对照信息。[23] 室内模型更多时候是以一种剖面的状态呈现出来的，将整个建筑体量进行剖切展开才得以一探缩小比例的室内环境。总之，实体模型类别里仍然包含常见的多种工作草模以及最终展示模型，并且细化分类之间往往有重叠，可以相互转化，其宗旨在于展示设计方案的同时留有推敲改进想法的余地。

　　　　　　　　第七章　适用于环艺专业的设计表现方法

（2）材料装配（material assembly）：材料装配式的模型往往是比较概念化的，它的精髓在于表达抽象和不确定性，目的是探索不同材料搭配的可能性，甚至鼓励跳脱材料本身的属性用非常规的方式进行搭配组装。这是一种最难以理解但也最有趣的模型制作过程，在设计教学实践等学术环境中较为常见。因为在学习阶段，探索初期创意对学生来说是一种需要训练的能力，能够将一个最原始的设计想法实体化呈现出来与他人沟通是非常重要的，并且有助于接下来的改进。一般来说，模型制作中常见的材料有瓦楞板、纸板、木板、木块、混凝土、石膏、铁丝、泡沫板等，而材料装配式模型鼓励用非常规的材料，甚至可以是除上述常见材料之外的任何一种。因为世间万物的材料本身具有天差地别的属性，通过弯折、卷曲、切割、挤压，不同的材料会呈现出迥异的围合或外溢形态以及它暗示的潜在空间形态，这正是设计者在发展想法之初需要的实物头脑风暴。材料装配并不追求模型的精确性和具象表达，相反，它试图让设计者暂时跳脱真实世界里纷繁复杂的细节描绘，将极其简化的核心设计概念表现出来。这种核心概念的表达往往需要借助某种隐喻，而隐喻只有在置换掉真实建筑的材质、简化掉冗余的构造细节时才能凸显。

（3）原型组件（prototype model）是指即将完成的某种建构的组成部分，也可以称为"元件"。通常发生在设计的后期细节深化阶段，用来测试整体结构的稳定性、可移动性或形式感。某些参数化建筑在设计开发阶段将重点放在建筑表皮或建筑构件的创新上，对元件的推敲有时也需要实体模型来辅助深化设计，甚至模拟测试真实环境中的透光或通风效果。原型组件模型未必要呈现整栋建筑的全貌，因此也存在非常大的可变性，为方案修改留有充足余地，也方便展示构件是如何一步步经过测试演化成最终确定的形态。某种程度上，结构研究模型也可被归类为原型组件，因其将建筑表皮与附着的墙体全都剥离而呈现出建筑结构部分的独立形态。相比于结构分析图纸来说，结构研究模型可以更直观地展示各个结构构件是如何相互链接与支撑的，提

Real Construction

Construction Process

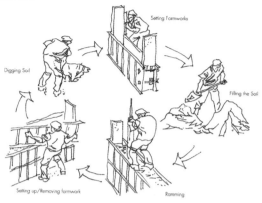

Setting Formworks

Digging Soil

Filling the Soil

Setting up/Removing formwork

Ramming

↑ Take formworks away

Oil the formwork → Set the formworks and fill → Begin to ram → Add more layers → Add more layers → Add Objects → Add Colored layers → Add More formworks

Final Outcome

Printing glass • Artifacts • Colored Layer • Inserted Artifact • Holding Strings • Artifacts • Formworks • Printing glass

Reference: Rammed Earth Structures: A code of practice

Kou

图 7.38　建筑构造模型（图片提供：寇宗捷）

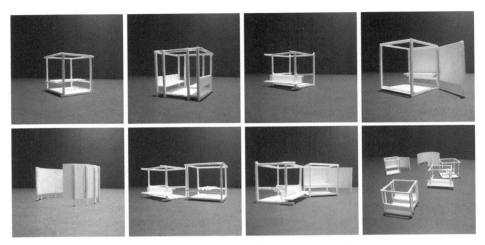

图 7.39 空间原型模块（图片来源：作者自摄）

供了一个 360° 全方位观察的视角；同时相比 3D 模型来说，实体结构模型因处在真实物理环境的"重力"条件下，得以暴露出某些在真空条件下无法预判的问题。

3. 运用范例

谢菲尔德大学建筑系有一门研究生课程是"建筑设计过程的思考"（Reflection on Architectural Design Process）。课程结构分为三个主题："场地""响应"和"模型"。"响应"主题是引导学生思考如何用视觉手段反映场地上一些显性或隐性的特征，而"模型"环节则鼓励学生重新思考制作建筑模型的材料，积极发现日常生活中任何一种非常规材料并重新定义为建构模型材料。这个创意模型工作坊充分激发了学生们的积极性与创造力，在作业分享环节展示出了每位同学对创新材料的不同认知，我们得以发现平日生活中常见物品或材料突破了其标准意义上的功能或形式，可以被拆分重组成一种新的构造，一定程度上能引起对于空间设计无限的想象。创意模型工作坊的教学目的并不在于产出完整的建筑模型成果，而在于打破建筑系学生对于制作模型的刻板印象和思维定式，这对于未来创意灵感的产生，无论是在形式上还是材料上，都有着极大的帮助。

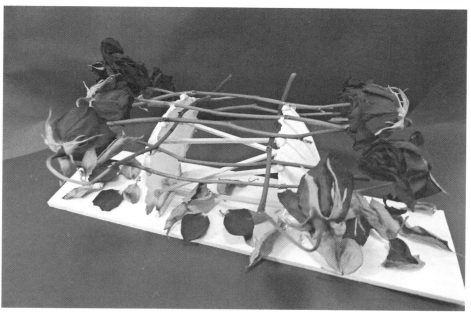

图 7.40—7.41　创意模型工作坊——谢菲尔德大学建筑系 2012 级研究生作业

　　　　　　　　　　第七章　适用于环艺专业的设计表现方法

"建筑设计过程的思考"这门课作为先导课程浓缩了关于建筑设计的一般方法，但是以一种开放的态度鼓励学生发挥创意、注重思维的启发。而之后的"设计中的环境与技术"（Environment and Technology in Design）课程则要求学生深入探索建筑设计中可应用的新型建构方式，要求将使用图纸、物理模型和三维软件结合进行测试，并融入大设计课题（Design Project）的项目中去。课程大纲中的"复合材料装配"（Complex Material Assembly）实验旨在让学生对构造技术和材料进行创造性探索，而不仅仅是解决基本结构性问题，目的是考查学生如何通过研究和模型制作来落实项目的细节设计（见图7.42）。"复合材料装配"实验也是谢菲尔德大学建筑系研究生课程的特色课题，使得建筑设计学科里的材料构造研究不再照本宣科，而是配合具体设计项目的需要进行创造性开发。同时，教学方式也不是讲授形式，而是以研讨会为主，每周分别由不同专长的教授与学生们进行一对一辅导，大设计课题的导师也会加入课程的辅导，真正实现了以设计项目为中心的教学实践。

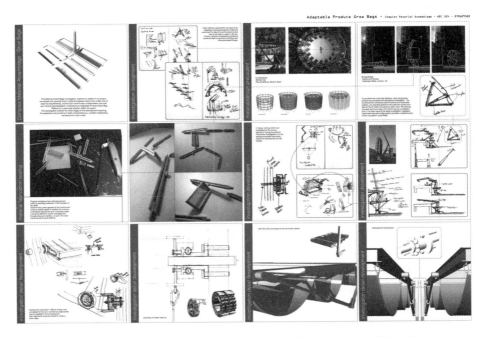

图 7.42　"复合材料装配"实验报告，谢菲尔德大学建筑系 2010 级研究生作业

国内多数设计院校目前仍沿用按照类别区分的课程设置，缺乏以设计项目为中心的配套课程体系，这样会导致学生接受的知识以课程 / 空间类型为单位，难以将设计原则融会贯通。而设计方法的变革则是希望不仅打破专业间的壁垒，还使得专业内不同方向的学习相互促进，以便领会设计的宏观法则。

如果说前两门课程中关于材料探索的部分旨在激发学生的创意思维，那么"低影响建筑材料"（Materials for Low Impact Building）课程则是让学生进一步了解实际应用中的建筑材料、部件和构造的物理特性，更重要的是制造流程，以夯实相关的知识结构体系。课程不仅介绍了低影响建筑材料对于当地气候环境的适宜性，同时还思考了相应低影响建筑材料对当地历史及社会背景的反映，以倡导用可持续的当地材料代替当今主流的现代化建筑材料如钢筋混凝土等。这门课程以学生实操为主，在教授进行了前期理论讲授过后，谢菲尔德建筑系的研究生们分为 5 组完成了不同低影响建筑材料的 1∶1

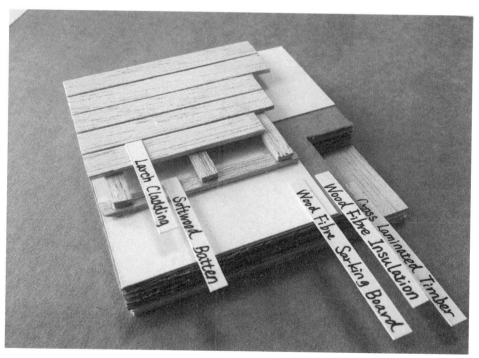

图 7.43　"低影响建筑材料"小比例研究模型，作者自制

　　　　　　　　第七章　适用于环艺专业的设计表现方法

研究模型，同时要求从技术、组织安排、目标、参与者四个方面协调工作。笔者所在的组研究的是"cross-laminated timber wall"（直交层积木墙），小组工作从背景资料收集、到自主联系当地材料供应商订购、再到预订实验室接受木工操作培训，最后由 5 名组员合力完成了实际比例的结构剖面研究模型（见图 7.43）。同样地，这个课程研究成果也被鼓励应用到学生各自的大设计课题项目里。当学生对于选择的材料有了更深层次的理解，做设计时才能够在保证创意性的同时兼顾落地性，这一过程中通过实际上手操作制作模型的作用显而易见。

图 7.44　"低影响建筑材料"1：1 研究模型，谢菲尔德大学建筑系 2012 级研究生作业

4. 适用情境

总体而言，手工实体模型相比虚拟三维模型的主要优势在于更加能唤起人的真实感受。相对于各种数字媒介，实体模型具有数字模型无法替代的对材料和空间的感官体验，它代表着一种与真实世界的联结。在实际操作中，实体模型与数字模型往往是搭配使用的，装配好的体块模型可以指引设计者逐步完善数字模型以便后期渲染效果图，而数字建模又可以做到预先调整好各种形态参数，方便激光切割机、CNC（计算机数控铣床）、3D 打印机等设备将实体模型部件直接导出。无论是学生、设计师或是客户，当你端详起模型试图进入这个空间的时候，也引发了人"栖居"于此的想象。正如根斯希特所认为，模型不是最终的表现产品，而是创意设计过程中涉及概念化、实验及可视化的思维辅助工具。[24]回到一开始的定义，即实体模型在当代数字信息技术飞速发展的背景下仍然是一种生成性的、具有极强表现力的沟通工具。今时今日，实体模型的应用场景已经越发多元化，除了常规的院校教学场景外，设计公司也倾向于用实体模型帮助方案推进。另外，越来越多的与城市、建筑和空间相关的展览正面向广大群众开放，用模型对经典案例进行还原和剖析也有助于普通群众理解自己生活的城市，透过钢筋混凝土森林的表象探究空间人性化的本质。

图 7.45　马克思·比尔在他的工作室里研究威尼斯双年展瑞士馆的模型，摄影：厄恩斯特·谢德格，1956 年（图片来源：https://www.ernst-scheidegger-archiv.org/en/photos-of-artists/max-bill/.）

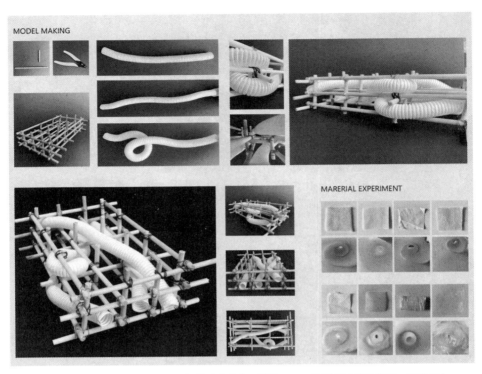

图 7.46 "城市脉动"深圳福田高铁站公共装置设计——工作模型（图片提供：李姝妲）

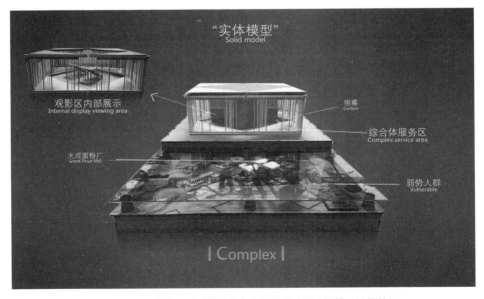

图 7.47 深圳价值工厂再设计方案实体模型（图片提供：钟慧敏）

第五节
小结

　　以上介绍的几种创新方法不仅限于表现空间，更可以作为一种帮助思考设计的工具，且每一种都可以形成独立的方法论。此外，根据上文所述，拼贴、场地电影、图绘、手工模型四种方法之间的具体实操工具软件有所重叠，并共享了某些电影学概念如"蒙太奇"。由此可见，无论在何种维度，设计想法的诞生与推进往往需要借助试探性（tentative）的步骤——意为"不确定的事物"，只有通过这些不确定的、过渡的、模糊的试验才能帮助设计者逐渐明晰设计的概念及目标，催生出最终逻辑自洽的设计成果。本章节介绍的几种创新设计表现方法都是设计领域较为前沿的探索与尝试，而传统的表现方法如手绘草图、电脑表现图、设计施工图、场景写生等仍有其不可替代的作用与地位。计算机软件技术的发展使得设计灵感的表达方式越发复杂多样，但工具毕竟只是辅助思维想法可视化的媒介，最能体现创新思维的仍然是图面本身传达出的启发性与激发交流的可能性。

第七章　适用于环艺专业的设计表现方法

第六节
拓展阅读书目

[1] 柳冠中，尹定邦.设计方法论 [M].北京：高等教育出版社，2011.

[2] [德]沃尔夫·劳埃德.建筑设计方法论[M].北京:中国建筑工业出版社，2012.

[3] [美]约翰·J.马休尼斯，[美]文森特·N.帕里罗.城市社会学：城市与城市生活 [M].姚伟，王佳，译.北京：中国人民大学出版社，2016.

[4] Andrew Tallon，Urban regeneration in the UK. London，New York：Routledge，2010.

[5] [英]尼尚·阿旺，[英]塔吉雅娜·施奈德，[英]杰里米·蒂尔.空间自组织：建筑设计的崭新之路 [M].苑思楠，译.北京：中国建筑工业出版社，2016.

[6] [加]贝淡宁，[以]艾维纳.城市的精神：全球化时代，城市何以安顿我们 [M].吴万维，译.重庆：重庆出版社，2018.

[7] [英]尼尔·史密斯.新城市前沿：士绅化与恢复失地运动者之城 [M].李晔国，译.南京：译林出版社，2018.

[8] [英]彼得·W.丹尼尔斯，何康中，[加]托马斯·A.赫顿.亚洲城市的新经济空间：面向文化的产业转型 [M].周光起，译.上海：上海财经大学出版社，2016.

[9] 张路峰.设计之道：建筑师访谈录 [M].北京：中国建筑工业出版社，2010.

[10] 杨宇振.城市与阅读 [M].北京：机械工业出版社，2012.

[11] [意]伊塔洛·卡尔维诺.看不见的城市 [M].张宓，译.南京：译林

出版社，2006.

　　[12] [美] 芭芭拉·门奈尔 . 城市和电影 [M]. 陆晓，译 . 南京：江苏凤凰
教育出版社，2016.

　　[13] [英] 埃蒙·坎尼夫 . 城市伦理：当代城市设计 [M]. 秦红岭，赵文通，
译 . 北京：中国建筑工业出版社，2013.

　　[14] Peter Bishop and Lesley Williams，The temporary city. London，New
York： Routledge，2012.

　　[15] [加] 简·雅各布斯 . 美国大城市的死与生·纪念版 [M]. 金衡山，译 .
南京：译林出版社，2006.

　　[16] 汪民安，陈永国，马海良 . 城市文化读本 [M]. 北京：北京大学出版社，
2008.

　　[17] Nigel Coates，Narrative architecture. Chichester，West Sussex，U.K.：
John Wiley & Sons，Ltd，2012.

　　[18] 张为平 . 荷兰建筑新浪潮： "研究式设计" 解析 [M]. 南京：东南大
学出版社，2011.

　　[19] [德] 克里斯蒂安·根斯希特 . 创意工具：建筑设计初步 [M]. 北京：
中国建筑工业出版社，2011.

　　[20] 刘旭 . 图解室内设计分析 [M]. 北京：中国建筑工业出版社，2014.

　　[21] [美] 诺曼·克罗，[美] 保罗·拉索 . 建筑师与设计师视觉笔记 [M].
吴宇江，刘晓明，译 . 北京：中国建筑工业出版社，1999.

　　[22] [英] 布莱恩·劳森 . 设计师怎样思考：解密设计 [M]. 杨小东，段炼，
译 . 北京：机械工业出版社，2008.

　　[23] 李立新 . 设计艺术学研究方法 [M]. 南京：江苏美术出版社，2010.

　　[24] [美] 艾伦·雷普克 . 如何进行跨学科研究 [M]. 傅存良，译 . 北京：
北京大学出版社，2016.

　　　　　　　　　第七章　适用于环艺专业的设计表现方法

注释

［1］Enric Miralles, *Enric Miralles: Mixed Talks* (Architectural Monographs No.40). Academy Editions press, 1995, 26–38.

［2］Sergei M, E. Montage and architecture. Reprinted in Assembledge 10, 1940.

［3］Fred Koetter, Colin Rowe. Collage City. The MIT Press, 1984, 118–151.

［4］Lim, CJ, & Liu, Ed. Short Stories: London in two-and-a-half dimensions: Routledge, 2011.

［5］Mistry, Anil. *Film, architecture & society—the use of film & the cinematic medium in architecture.* Unpublished March dissertation, University of Sheffield, 2001.

［6］Clarke, D. The Cinematic City. London: Routledge, 1997.

［7］Shonfield, K. *Walls have feelings: architecture, film and the city.* London: Routledge, 2000.

［8］Mennel, B. Cities and cinema. New York: Routledge, 2008.

［9］柏林国际电影节官网 [EB/OL]. https://www.berlinale.de/en/archive/jahresarchive/2014/02_programm_2014/02_filmdatenblatt_2014_20143080.html#tab=filmStills, 2022–04–19.

［10］刘京一，张梦晗，李欣怡，等.复杂景观的认知与设计：Mapping 的作用、逻辑与机制研究[J].景观设计学（中英文），2021，9(05).

［11］Dovey, Kim, Pafka, Elek, & Ristic, Mirjana. Mapping urbanities: morphologies, flows, possibilities. New York: Routledge, 2018, p.1.

［12］Kirk Clyne. Behavior Mapping[EB/OL]. Available at: https://www.coursehero.com/file/51910029/P3–Behavioural–Mapping–Design–Research–Techniquespdf/ [accessed on 2022–03–09].

［13］Cosco, N. G., Moore, R. C., & Islam, M. Z: "Behavior mapping: a method for linking preschool physical activity and outdoor design", Med Sci Sports Exercise, 2010, 42(03), 513–519.

［14］Sutcliffe, Alistair: "A Design Framework for Mapping Social Relationships", *Psychology Journal*, 2008, 6(03).

［15］此语境中表达的是"spatial agency"的概念，翻译成中文为"空间自组织"。英文原词在中文语境中的定义缺失是因为其意涵的自发建造行为无论在官方还是大众层面都未能引起广泛的关注，正如城中村的自发扩张一样，它是作为一种非正式的、隐性的、模糊的概念而存在。"Spatial Agency: Other Ways of Doing Architecture"的中文版译者在译后记中补充到，英文原版作者 Nishat Awan 着重论述的是空间自组织建造行为，这些建造行为不是由权力机构或资本集团所主导的，而是由社会公民尤其是底层居民群体发起的，以其需求为出发点的建筑与城市空间实践，体现了公民尤其是底层群体同资本势力的抗争。书中将这种自下而上的自组织行为全面展现在人们面前，是希望引起人们对于这种建造行为的重视，改变以往自组织空间行为在人们心目中少数派、乌托邦式的印象，从而提出一种建造空间的全新可能性。详情参考：Awan, N., Schneider, T., & Till, J. Spatial Agency: Other Ways of Doing Architecture. Taylor & Francis, 2013.

［16］Merleau–Ponty, M. Phenomenology of perception. New York, London: Routledge,1962. Cited in: Koeck, Richard and Roberts, Les.

The city and the moving image: urban projections. England: Palgrave Macmillan, 2010.

［17］James Corner: "The Agency of Mapping", in Mappings, ed by Denis E. Cosgrove. London: Reaktion Books, 1999, 214–253.

［18］Awan, Nishat. Diasporic agencies: mapping the city otherwise. Burlington, VT: Ashgate Publishing Company, 2016.

［19］Awan, Nishat, & Hoskyns, Teresa. Mapping Occupy. Architecture and Culture, 2(01), 2014, 130–140.

［20］Dunn, Nick. Architectural modelmaking. London: Laurence King, 2010, 14.

［21］Dunn, Nick. Architectural modelmaking. London: Laurence King, 2010.

［22］[德] 克里斯蒂安·根斯希特. 创意工具: 建筑设计初步 [M]. 马琴, 译. 北京: 中国建筑工业出版社, 2011.

［23］Dunn, Nick. Architectural modelmaking. London: Laurence King, 2010, 97.

［24］[德] 克里斯蒂安·根斯希特. 创意工具: 建筑设计初步 [M]. 马琴, 译. 北京: 中国建筑工业出版社, 2011.

第七章　适用于环艺专业的设计表现方法

第八章 环艺专业设计方法的创新变革

"参与式设计"并非专业人士发明出来的一套新型设计方法，而是让设计回归民众的一种实践革命，目的在于反思设计因专业化、产业化而越发加强的知识壁垒和控制形式。总体而言，设计专业领域内的知识生产是不断精细深入发展的，掌握相关细分领域知识的人也就掌握了话语权。专业人士不仅在实践场域里竞争着，也在相关的知识场域里争夺着话语权，正如建筑领域里的各种主义、流派和不断衍生的观念使得设计师/开发商忙于用作品标榜自我，争夺胜利的一方最终可以在市场上将话语权转化为经济收益。然而，任何专业领域知识门槛的提高都意味着排斥专业外的人群，话语权的绝对掌握也意味着关于设计的讨论将使用者置于次要地位。设计师因其审美优越性往往具有定义什么是"美"的权力，而审美判断又是一种个人主观体验与文化"解码"能力的综合，因人而异，因群体和社会语境而异。[1]如果一个设计既无法满足使用者的功能需求又无法获得审美认同，那么我们除了判断这一设计曲高和寡之外，还可以深入思考一下设计背后的其他目的，即强化某一种空间控制形式或者符号象征，抑或关于专业话语权的争夺。这一切的斗争和意图都脱离了"为人民而设计"的初衷，"参与式设计"方法的出现则力图打破设计领域封闭的自我生产而排斥群众的局面，将设计拉回到满足人民生活需求的起点上。

　　Clay Spinuzzi 博士曾尝试定义"参与式设计"，是一种通过上手做来理解知识的方法，通常是以一种不易察觉的与人们日常活动充分融合的状态介入设计实践，并思考如何有效地塑造这些日常活动的方法。[2]在建筑学领域，建筑设计与公众参与的联系最早出现于 20 世纪 60 年代，其中代表性人物有意大利建筑师吉卡洛·德·卡洛（Giancarlo De Carlo），他提出将参与作为一种方法来解构建筑师或设计师角色的意义。受其影响，后来的一批英国建筑理论家集结编著了《建筑与参与》（Architecture and Participation），这本书基于大量参与式设计实例论证了将城市空间还给使用者及社区的重要性，挑战了霸权式的标准建筑设计实践与教育，尝试为"参与性"这一西方政治语境中的热点议题建立一个建筑学视角的理论框架。[3]

　　尽管"参与式设计"这个词在学术研究领域里经常被提及，但严格来说它其实是作为一种设计方法在日常生活中运用的。它可以被定义为，在设计过程中的某一阶段引入使用者本人对设计进行某种程度的意见发表和决策，或者在更为激进的条件下由使用者主导设计决策。无论以何种程度或何种形式，"参与"让使用者的声音得以被听见、放大，影响到设计过程，而不仅仅是产生关联。在西方设计情境中，设计学生与专业人士往往会联合场地的利益相关者（如使用者、合作伙伴、社会组织等）一同对场地进行设计、实施、监管、评估，让尽可能多的与设计对象/空间相关的群体发表意见，帮助设计对象/空间可持续地进行更新，从而改善我们的生活环境。利益相关者的作用体现在设计初期可以帮助设计人员调查了解场地的背景、现况及现象背后的原因，更重要的是激发参与者协作探索场地现象、帮助定义问题和集思广益解决方案，帮助设计专业人士预先评估设计项目落地后的有效性。为了推广社会参与，学生和专业人士会开发多种社会参与式工具包并撰写使用说明、参与计划和设计策略。参与式设计工具包不仅是提供给建筑师、决策者、

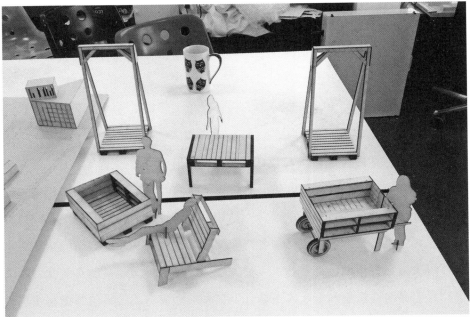

图 8.1—8.2　参与式设计工具包，谢菲尔德大学建筑系 2012 级研究生作业

项目协调员、专业人员、非政府组织使用的，也是提供给广大公民以增强社会参与使用的。主要的参与方法包括问卷调研、访谈、工作坊、互动游戏、认知地图等，这些方法在教学与设计调研过程中都是较为常见的。参与式设计是一种侧重于设计过程的方法，而不是一种设计风格。[4]除了建筑与城市设计领域，该方法也被广泛运用于其他领域，例如软件设计、景观设计、产品设计、图形设计甚至是医学等以建立一种使用者导向的价值评估体系。

"设计方法"课程分享了本人在英国谢菲尔德大学建筑系留学期间亲历的教学实例，以此来指导深圳大学环艺系同学熟悉这些技能，鼓励学生开发属于自己的参与式设计工具。教学实例分享了制作参与式工具的目的、参与对象、玩法、数据获取过程，以及数据整理分析，直到最后给出的空间设计建议。以此案例来阐述参与式工具包是如何有逻辑地指导实际设计项目的，并论证其作为一种方法及其相关方法论的趣味性、可操作性与有效性。该方法在当时实地调研和目前课堂教学中都得到了非常积极的反馈。

运用范例

此教学实例为英国谢菲尔德大学建筑系研究生课程的固定项目——实际项目（Live Projects），也就是与本地客户合作完成一个真实需求的设计任务。当年笔者所选择的项目组为"Sheffield Care Community"（谢菲尔德疗养社区）。在这个实际项目中，英国学生与国际留学生组员共同开发了一款参与式卡牌游戏作为实地调研工具，用来与谢菲尔德市本地的一些养老院/疗养院住户进行深入交流、获取意见，同时也邀请了项目的客户——谢菲尔德市议员来试验这款卡牌游戏的有效性。

谢菲尔德疗养社区这个项目的目标是为当地市议会在郊区新建一个养老社区提供前期策划与设计导则。在实地考察了谢菲尔德本市的多个养老院之后，小组成员首先通过头脑风暴确定了开发老年人互动卡牌游戏的想法，然后做了一系列场地图绘来设定卡牌游戏的内容与逻辑。卡牌游戏这套参与式设计工具的目的在于深入了解养老院使用者对于居住空间的体验与需求，以游戏为媒介获得与空间相关的信息与数据，进而整理得到设计导则的要点。由于居住在养老院的老年人较大概率有听觉、行动或语言方面的障碍，因此普通的访谈可能无法达到充分有效的沟通，而卡牌游戏则实现了通过"不易察觉"的日常活动让老年人将自己内心对于居住空间的真实需求表达出来，且卡牌游戏的趣味性使得老年人的参与积极性大大增加。

卡牌游戏中设置的卡牌类型分为三种：（1）第一层级的玫红色的卡牌代表养老院地理区位，有城市、城镇、郊区和乡村四个选项；（2）第二层级的绿色卡牌为养老院潜在的各种功能空间，包括卧室、洗手间等基本空间配置和剧院、餐厅等升级空间配置；（3）第三层级橙色卡牌为更小尺度的家具，同时也代表着不同的功能性。除此之外，还设置了四种颜色的硬币，分别代表"自己""住户与工作人员""家人""外人"四类人群。

游戏的玩法为，首先，老年人可以根据偏好在不同地理区位中选择自己倾向的；其次，在选定的地理区位卡牌下，按照空间私密性由强到弱地排列出自己偏好的所有功能空间；再次，选择自己认为必须配备的家具，放置在合适的房间卡牌下方；最后，选择代表着不同人群的颜色硬币，放置在自己认为允许进入的空间卡牌下方。至此，针对一位老年使用者的访问便在游戏中完成了，小组成员将游戏结果拍照记录下来待后期整理（见图8.3-8.7）。

在探访了几个当地养老院，与几十位老年人进行游戏互动后，小组收集到了一定的数据量并梳理制作出了分析图表。这些数据信息分析得出的结果总体指向了空间可改进的几个主要方向：养老院户外绿化空间的可接近性，入户单元门口的过渡空间，不同户型空间切换组合的可能性，引入自然照明与植物的公共休息区等。这些从一定程度上代表了本地老年居民对于养老社区空间的真实诉求，进而有力地支撑接下来空间设计导则的制定。

另一具有代表性的参与式设计案例是由谢菲尔德大学建筑学院师生团队开展的波特兰工厂（Portland Works）[5]重塑计划。这个设计研究融合了多

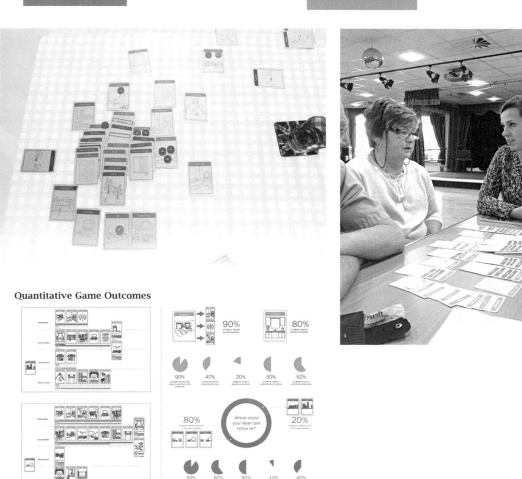

图 8.3-8.7　养老院参与式卡牌游戏结果（图片来源："谢菲尔德疗养社区"设计导则汇报文本，小组成员：陈曦，王甦，腾晓瞳，李逸斐，郭迪，孙阳阳，Nick Hunter, Becky Cunningham, Rich Johnson, Jess Morrison, Richard Fennell, Joanna Hansford, Christiana Thorsen Clarke.）

种方法，包括展览、会议论文、审计报告、案例研究、学生设计方案、研讨会和场地电影来协作进行。设计研究计划的主要目的是通过集合师生、手工艺人和本地公益团体的智慧开发出一个集体生产与行动的框架，这个框架将学术活动、社区行动以及社区经济发展结合在一起，以尝试拯救当地的工业遗产建筑——波特兰工厂，让它的历史价值与创新价值在更广泛的层面被看到并重视，使其免受投机性地产开发计划的影响。[6]2011年，谢菲尔德建筑系师生依托课程 Live Projects，与"拯救波特兰工厂"组织合作为此工业遗址和入驻的手工艺人伸张权益。参与性行动主要体现在组织工作坊、设立开放日、在利益相关者之间建立社会网络。这样一些行动增强了租户对设计更新优先级的决策影响，听取了他们为了保留社区愿意承担的成本与风险，同时引入了投资团体，给予财政方面的支持。谢菲尔德建筑学院学生的参与性，主要体现在分析与探索波特兰工厂改造设计的可能性并产出了一些方案成果。这些方案成果都源于实地调研的一部分，它们被用于项目网站开发、营销策略、商业计划和作为未来"愿景"的素材展示给社区居民与投资者，为进一步开展保护活动起到了帮助作用。2013年，经历了四年的保护活动，最终以手工艺人们协作成立股东团队和自发运营这一创意社区而告一段落。无论波特兰工厂未来的命运如何，这一参与活动都为达成工业遗产的可持续留存和创意生产者权益保护的目标做出了不可忽视的贡献。

除了依托课程的参与式设计实例之外，谢菲尔德大学的老师兼建筑师也常年践行着"参与＋共建"的非传统建筑实践，并影响着建筑教育理念的演化。Doina Petrescu 教授在谢菲尔德大学建筑系任教多年，重点关注建筑和城市规划的前沿问题，包括协同设计、公众参与和社区弹性等，同时也与合伙人在法国巴黎设立了 atelier d'architecture autogeree 工作室，开展着激进的建筑实践。[8]工作室的 R-urban 都市共建农场项目是最具有代表性的参与式设计案例，在全球范围内都造成了广泛影响。"都市农场"的概念早已传播至国内，设计师、学生、开发商都对此并不陌生，但它的原始机制和反映

图 8.8 波特兰工厂与所有股东（图片来源：波特兰工厂官网[7]）

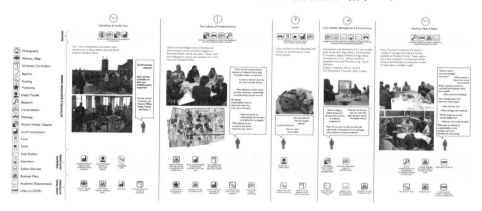

图 8.9 2010 年 6 月于波特兰工厂举行的利益相关者研讨会（图片来源：Cristina Cerulli & Julia Udall. Re-Imagining Portland Works. Sheffield, UK: Antenna Press, 2011.）

图 8.10 谢菲尔德建筑学院学生设计方案（图片来源：Cristina Cerulli & Julia Udall. Re-Imagining Portland Works. Sheffield, UK: Antenna Press, 2011.）

　　　　　　　　　第八章　环艺专业设计方法的创新变革

的社会现实仍值得我们深入研究。R-urban都市共建农场位于巴黎郊区科隆布，是一个自下而上探索城市郊区公共用地使用策略的项目，它积极引导本地居民参与建造一个城市中的农场，自主灌溉、耕种、回收建造房屋及管理运营，外加开展创意性的分享活动。与由政府管理部门促进的自上而下更新策略不同，R-urban的研究人员、建筑师、设计师和规划者以"多元化"的方式充当发起者、促进者、调解人和顾问，为更广泛的参与提供了一个平台。[9]这一行动鼓励公民通过改变他们的生活和工作方式来改变城市空间，使其变得更有弹性，重申对于使用城市空间的基本权利。在资金筹措方面，R-urban试图用多种资金替代方案如种子基金来避免市场投机，包括公民投资体制等自筹资金，试图建立一种合作管理结构。R-urban是作为一个原型实验出现的，随后aaa团队又相继实践了多个共建项目，逐步扩大了非传统建筑实践的范围，将理念带到全球各地。作者曾经作为谢菲尔德建筑系的一名学生也有幸前往法国听取Doina教授的介绍讲解并实地考察此案例，深刻地影响了作者之后的建筑设计观念。

图8.11 R-urban都市共建农场，2010—2014年（图片来源：aaa官网[10]）

相对于鼓励公民"参与","共建"的理念更为激进，因为它不是由建筑师听取场地使用者的意见（在这种程度上建筑师仍然具有权威性），而是发动使用者自身的力量建造非消费主义的生产性空间，形成当地社区网络的有机生产—消费闭环以抵抗全球化市场带来的可能冲击。很显然，这一方法挑战了设计师固有的工作方式与思维以及城市形成的大众生活方式，也激发了公众为抵抗劳动异化、寻回和谐生活状态的积极性。在疫情多轮暴发的 2022 年，全球化产业链已然显现出其根本性弊端并影响到了每个人的生活状态，以社区为中心的弹性治理理念必然会得到进一步的提倡，也警示了社会思想与发展模式的变革迫在眉睫。

参与式设计方法的活跃践行者还有何志森带领的 Mappping 工作坊，除了前文提到的"为小贩设计逃跑路线"这种实验性的教学研究项目之外，其团队主导的参与式工作坊还有很多。其中 2019 年的"家就是展场"Mapping 工作坊招募了 14 名不同专业背景的学生在深圳宝安桥头村进行了为期两个月的调研和创作，学生与桥头村的村民、城市工人和小商户等一起合作了 8 件深港双年展的参展作品，"人民公园"是其中的一件。它不仅帮助桥头村当地居民重拾了记忆中的人民公园所带来的社区邻里相聚相识的热情氛围，也重申了像街心公园这类型的公民空间应将塑造的权力重新交回使用者的手中，设计师应尽可能地放手，只有这样才可能充分激发民众自发构建空间的潜力，让它成为一个持续散发活力的空间场域。

然而现实情况是，"参与式设计"并不总是如案例中展现的和谐与融洽，因为涉及场地使用者的切身利益，引入参与机制也意味着设计人员需要做好准备面对各种质疑和投诉，尤其是在遇到一些类似难民聚居点的重新安置问题或历史街区的更新改造项目时，复杂的社会关系与历史背景使得参与过程面临重重考验。因此，从专业角度考虑，"参与式设计"并不是作为一种未来设计程序的必经环节，甚至不能保证设计项目一定成功，但却可以作为一种预判风险与不确定性的积极尝试。从使用者角度来看，他们不仅能更切实

Studio Collaborative Production

Participation

	First Site Visit: Christmas Tree Making
	Time: 2015.11.17
	Place: Salvation Army
	Milestone:
	Introduction of our studio to local poeple
	Get to know the people from salvation Army
	Contribution to Local event
	Attending Big Local Meeting
	Time: 2015.12.03
	Place: The Dearne ALC
	Big local is the community group which know takes over some responsibility of local governmet
	Milestone:
	Forraml introduction to the people who has local influences
	Involving with local affairs
	Participation Event
	Time: 2016.01.30
	Place: Salvation Army
	Milestone:
	Communication with local people about our early ideas and demonstrate the outcome from research
	Getting feedbacks and raise aspirations
	TBC

The meaning of participation not only lies in getting the first handed materials, but also getting ourselves involved with local issues. It is a attitude of announcing the existence of yourself as a someone who truly want to contribute to the local people. There is no doubts that consultation will help forming your ideas. However, as an architect, we should be critical about the opinions from consultation.

图 8.12　参与式设计活动记录表（图片提供：寇宗捷）

地参与到空间环境的生产更新过程中，同时也能通过对空间的自发使用——与建筑师预想的不同的使用方式来表达他们对空间环境的判断，或者挑战传统建筑话语下的审美权威。当今社会，空间作为物质商品也具有使用价值和交换价值，甚至符号价值，充分调动社会参与从根本上是为了寻回空间本身的使用价值，也为了抵抗空间的私有化趋势和消费主义符号包装，重新建立正常的、可持续的空间价值体系。在这一层面，"参与式设计"方法作为一种催化剂突破了传统设计过程的封闭场域，重新定义了使用者、设计师和客户的关系，削弱了设计背后的政治与权力斗争因素，完成了策略上的创新变革。

第八章　环艺专业设计方法的创新变革

注释

[1] 根据布尔迪厄在《区分》一书中的阐述，作为文化资本之一方面的审美能力是一种知识形式、一种通过长期的制度化教育或家庭熏陶而习得的认知，它会内化成一序列"编码"，需要特定阶层的知识结构才能读取或建构，也就是使社会主体具备对文化关系和文化艺术制品的同理心、欣赏力或判断解读能力。由此，未接受过内化教育和习惯培养的阶层（群体）便无法欣赏这类文化艺术制品，如古典音乐。布尔迪厄关于审美判断的观点与康德的"审美是不涉及利害关系而愉快的"主体感受这一观点刚好对立。详情参考 [法] 皮埃尔·布尔迪厄.《区分：判断力的社会批判》[M]. 北京：商务印书馆，2015.

[2] Clay Spinuzzi: "The Methodology of Participatory Design", Technical communication, Vol.52, No. 2. 2005: 163–174.

[3] Blundell Jones, Peter, Doina, Petrescu, & Jeremy, Till. Architecture and participation. London: Taylor & Francis, 2005.

[4] [美] 布鲁斯·汉宁顿，[美] 贝拉·马丁. 通用设计方法 [M]. 北京：中央编译出版社，2013，第 128 页.

[5] 波特兰工厂 Portland Works 曾是英国谢菲尔德市当地的一家综合餐具生产工厂，始建于 1879 年，目前被列为英国二级历史保护工业建筑。一百多年前，它是不锈钢制造工业的发源地。今天，它是工艺和创新的中心，一个多元繁荣的创客社区家园，超过 30 位租户包括金属工人、雕刻师、艺术家、木材工人和音乐家共同为波特兰工厂的可持续更新发展贡献力量。

[6] Cristina Cerulli & Julia Udall. *Re-Imagining Portland Works*. Sheffield, UK: Antenna Press, 2011.

[7] https://www.portlandworks.co.uk/portland-works-image-gallery/.

[8] 工作室名称法语 "atelier d' architecture autogeree" 翻译过来便是"自发建造工作室"，从一定程度上能够反映他们建筑实践的核心精神与理念。

[9] Doina Petrescu, Constantin Petcou, & Corelia Baibarac. Co-producing commons-based resilience: lessons from R-Urban. *Building Research & Information*, 2016, 44(07), 717–736.

[10] http://www.urbantactics.org/.

第九章 环艺课程教学实录中的"设计方法"

第一节
多专业教学互动

深圳大学艺术学部环境设计系的"设计方法"课程以教师讲授为主，其间邀请了社会学专业老师和本学院研究生做了案例分享并进行了课堂互动。首先，拥有社会学博士学历及相关教学背景的某老师用简明的语言和图片向学生们解答了"社会学是什么""社会学如何与空间有关"等问题；进而，同样用通俗易懂的方式向学生解释了什么是定量研究和定性研究，以及它们的优势与局限性，更重要的是如何应用于与环境艺术设计相关的场地考察。此外，环艺专业的两位研究生同学也在"设计方法"课程中分享了她们专门梳理总结的从本科阶段开始运用的场地调研及设计表现方法经验，为环艺二年级同学提供了有益参考。其中，包括深圳龙岗河自然景观更新、华侨城创意文化产业园场地调研、青年游戏复合社交空间背景调研等案例，皆运用了定性或定量调研工具，反映对人的行为、场所事件与社会空间相互塑造的关系。

第二节
优秀作业范例

场地背景与调研目的

在"设计方法"的第一轮课程中，教师指定了深圳市四处各具特色的样本场地，华侨城创意文化产业园、蛇口老街、大冲新城和软件产业基地。本章节详细讲解环艺专业学生小组完成的"软件产业基地 A 组调研报告"，以此为例展示设计方法课程从理论讲授到方法训练，再到学生实操的整个过程。总的来说，学生首先调研了场地的历史背景、地理区位、周边及交通条件、基地定位、园区规划、功能分区等，随后选择了观察法、问卷调查法、半结构化访谈法、故事板等方法进一步展开深入调研。基于场地调研，学生针对发现的问题提出了"创意报亭""交流空间优化""休息空间优化"三个设计策略建议软件产业基地进行微更新，最终完成了颇有深度且充分反馈学习成效的调研报告。

深圳软件产业基地位于深圳湾高新区南区核心地带，毗邻滨海大道、深港西部通道、广深高速等六大动脉，地铁 2 号线、规划中的 11 号线、5 号线近在咫尺，北面有深圳大学、产学研基地，高校云集，南靠海岸城商业综合区，可以说是集聚生态、商务、博览、文化等多样资源和城市空间形态。软件产业基地于 2010 年 9 月开工，2013 年全面竣工，2014 年开始入驻。作为深圳湾科技园规划中的一期园区，在 2013 年至 2015 年完成基础建设的两年中软件产业基地一直在寻找定位：一开始想做成福田金融商务中心那样的园区，之后又考虑向华侨城创意文化产业园学习，增添一些艺术氛围发展文化创意产业，转眼间时间来到 2015 年，恰逢国家吹起"双创风"，时任国务院总理李克强在《政府工作报告》中明确提出"大众创业、万众创新"的号召。

于是在未来发展趋势和国家政策的推动下，软件产业基地的目标定位为服务新技术、新文化产业的创业创新工作园区，主要目标是搭建软件信息企业全方位服务平台，打造深圳软件产业、信息技术服务业聚集发展的新高地和中国软件名园，是深圳市人民政府"十二五"规划建设的战略性新兴产业集聚区重点项目之一。软件产业基地里有一个官方宣传空间，是深圳湾创业广场

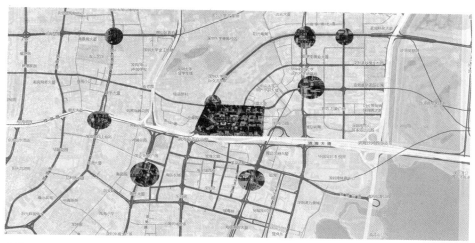

图 9.1—9.2　深圳市南山区软件产业基地区位图（图片来源：学生提供）

　　　　　第九章　环艺课程教学实录中的"设计方法"

图9.3 深圳市南山区软件产业基地场地意象拼贴（图片来源：学生提供）

党群服务中心，位于整个场地的核心广场，2015年与软件产业基地同时建立。它的主要职能是服务于公司党支部建设，基于招商引商服务统筹协调、监督管理和指导，负责集中审批各服务事项。园区生态多样化，有人工智能产业、电子信息产业、智能制造产业、现代物流产业、互联网产业、科技金融服务、公共服务、餐饮商旅服务，并有定期的教育和培训服务。软件产业基地由深圳湾科技有限公司运营管理，是深圳市国资系统专注于科技园区开发运营的创新型产业资源服务平台。

调研小组统筹安排

课程小组成员有深圳大学19级环境设计专业的徐可俐、唐芸鹤、容嘉进、陈志珍、唐贤亮、董链梅和陈浪同学。由于组内成员在调研时间上无法达成一致一同外出，因此由组长对每位组员的空闲时间进行统计，并制作成表格以便统筹工作安排：（1）分组进行不同时间段的观察；为了得到更好的观察效果，每个时间段尽量安排两位以上同学。（2）每位同学都有空闲的时间定为每周固定的讨论时间。每个时间段及每组同学需要观察的内容包括人群定位、人群行为、聚集程度、人群路线，并拍照记录。另外，由于调研第一阶段的踩点工作基本上都由两组同学一同前往，因此行走路线由两位同学根据观察时间段自行安排。每个观察小组按照安排时间前往调研，并且将观察到的内容记录下来制作成简易报告，再由组长整合。

表9.1　调研阶段及工作

课程阶段	调研阶段	工作方式	调研内容
第1—2周	桌面调研阶段	1. 文献、资料查找 2. 调研工具准备（包括场地图纸、小组成员空闲时间等） 3. 第一周自由踩点观察；第二周日常活动观察 4. 头脑风暴，发散思维	场地历史 地理区位以及交通条件 周边区位 基地定位 功能分区 园区规划 映入概念
第3—4周	基础调研阶段 实地调研（初步）	1. 发问卷 2. 非结构化访谈	问卷调研 非结构化访谈
第5—6周	创意调研阶段 实地调研（深入）	一横三纵：焦点小组 ·创意报亭 ·交流空间优化 ·休息空间优化	创意调研
第7周	汇总阶段	1. 信息整合 2. 逻辑梳理 & PPT制作 3. 演讲稿撰写 4. 排演	

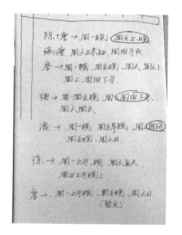

图9.4　分组调研安排及分工情况（图片来源：学生提供）

　　　　　第九章　环艺课程教学实录中的"设计方法"

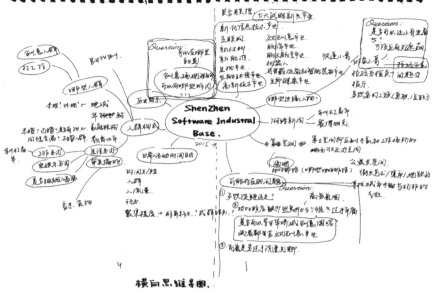

图 9.5　调研前头脑风暴一（图片来源：学生提供）

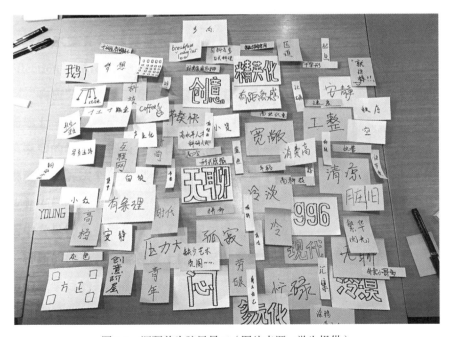

图 9.6　调研前头脑风暴二（图片来源：学生提供）

环艺设计方法论

调研阶段一

尽管软件产业基地毗邻深圳大学沧海校区，同属粤海街道，然而刚升入大二年级的学生对于校园周边环境仍不熟悉，因此小组在第一次实地调研前便有了这样的想法："第一次非正式踩点观察后其实没有什么具体的方向和想法。刚抽签分配到这个场地后想法是，它在哪里？怎样的地方？大吗？离这里多远？光是听这个名字就感到很无趣。一旦上手搜索这个地方的定位才发现与深圳大学南校区仅相隔一条马路，入学这么久却不知道竟有此地。"在第一次实地调研过程中，同学们是以局外人的身份和未知的状态去慢慢了解这个软件基地的，因为还未在网上详细搜索背景资料。同学们边走边观察路上竖立的标识，由此得知了一个新名词"孵化器"。对学生们来说这一新颖的概念成为了解这个产业园的切入口，包括它的定位、属性及发展目标。

第一阶段的调研工作主要以观察法为主，通过分组分时段观察，同学们以观察记录表格的形式大致描绘了场地在时间维度上的变化状况与人流涨落情况。

表9.2　工作日上午观察记录表格

观察人员：唐贤亮、陈志珍	观察时间：9月25日　星期五　6:00—9:30
是否为工作日：是	天气：晴朗
观察记录	早上6点，街道行人特别少，主要对象为早餐摊、环卫工人、保安。  早上6点至9点路上行人逐渐增多，绝大多数为上班族。

　　　　第九章　环艺课程教学实录中的"设计方法"

表 9.3　工作日下午观察记录表格

观察人员：董链梅、陈浪	观察时间：9月24日　星期四　16:00—18:30
是否为工作日：是	天气：晴朗
观察记录	5:30pm 之后是下班高峰期，大部分人坐地铁，少部分人开车，还有少部分人群来饭馆吃个便饭然后回办公楼接着加班。 5:30pm 之后休闲场所有一些人在边喝咖啡边谈事情。 

表 9.4　工作日晚上观察记录表格

观察人员：容嘉进	观察时间：9月28日　星期一　18:00—20:00
是否为工作日：是	天气：晴朗
观察记录	本次观察着重围绕第三空间即交流场，考察是否符合主要人群使用需求。第三空间的建设是否是基地使用人群的必要需求，或者是否符合使用者的工作方式，这些都需要后期深入调研获取数据才能验证。目前所观察到的空间利用问题还是用图的方式更能直观表达出来。 

表 9.5　非工作日晚上观察记录表格

观察人员：唐芸鹤、徐可俐	观察时间：2020.9.27　星期日　23:00
是否为工作日：否	天气：晴朗
观察记录	虽然为非工作日，晚上加班人数仍较多，大厦楼下出租车等候，接驳班车在写字楼下等候送员工回家，相较于产业园其他区域，加班频率较高，企业大厦底下人流聚集程度较高。马路上和街道上人流稀少，只见保安的身影。

经过组员自由踩点式的预调研，各组员将搜集到的不同时间段的软件产业基地场地人群活动状态以及其他信息汇总绘制成了一张活动时间轴：早上 6:00，早餐摊、环卫工人、保安等开始出现；6:00—9:00 行人车辆逐渐增多；10:30 接近午餐时间，外卖员身影随处可见；11:30—12:00，午餐时间，

图 9.7　现象时间轴（学生绘制）

　　　　　　　　第九章　环艺课程教学实录中的"设计方法"

餐饮店门前出现排队现象。下午上班时间，街道和广场上人都比较少；17:30—19:00 是下班高峰期；19:00—21:00 则是软件产业基地人的用餐时间；24:00，相比软件产业基地其他地方，腾讯大厦附近显得十分热闹，出租车、私家车络绎不绝。

以上展示的部分观察记录表格体现出了学生有逻辑、有组织的工作安排，在调研前期以开放包容的态度去抓取场地上一切基本特征，从一周的初步观察结果中总结出了几点潜在的可深入调研方向。

1. 标识系统：整个场地缺乏象征性的标志物与标识系统，指示路牌视觉不突出，无照明突出。

2. 垃圾处理点：基地有两处道路交叉口在下班时间段内发生垃圾处理回收现象，与下班人群活动重叠，一定程度上阻碍了交通，占用了绿化空间。

3. 外卖送餐：大厦楼下的外卖送餐等候区标识不明显、布局不合理、金属架子有碍底层沿街界面美观。就餐高峰时段，马路上外卖电动车与行人混流，大厦楼下有很多外卖员等候客户取餐，场面较为混乱，无任何指示引导。非就餐高峰时段，外卖员大多直接在电动车上休息，无适合的安静区域或遮挡物。

4. 报刊亭：经常在产业园穿梭的外卖员通常不会直接进入园区内商店消费，但会在报刊亭买水或烟等便利商品，由此可见，报刊亭在这里的作用非常大。报刊亭的外观风格统一，在高楼林立的产业园里并不起眼，但却起着一个纽带的作用，是个必不可少的存在，在之后的调研中会成为重点调查对象。

5. 早餐摊：早上 5:30—9:30 是早餐摊的营业时间，8:30—9:30 为人群购买高峰期，价格经济实惠。早餐摊零散分布于基地，卫生条件相对较差，且摊车颜色较为突兀，无法与大厦街道整体视觉印象有机融合。此外空间条件有

限，消费者购买后只能带到公司或站在路边就餐，对街道形象有些许影响。但总体来说，深圳健康早餐工程设点的早餐摊满足了白领对传统早餐的需求，同时也体现了对边缘化群体的关怀。

6. 餐饮商户：在园区内有许多各种定位的餐饮商户，以快餐店、咖啡馆和特色餐饮为主。中午就餐高峰期间人流最密集的区域还是快餐店，人群就餐速度普遍较快，店面装修颜色区分较大，字体上无特殊设计，主要意在方便快速阅读，体现了效率和实用主义。之后组员通过大众点评网搜索"软件产业基地"关键字得出的美食类设施共 100 家，据 2017 年针对深圳一份美食餐饮行业分析报告可知南山区餐饮数量为 5263 家，南山区约 129 万人，

第九章　环艺课程教学实录中的"设计方法"

平均每245人一家。软件产业基地上班人员3万多人，约等于300人一家餐厅，再结合同学观察工作日中午 11:30—12:00 期间的用餐情况发现，园区内的餐饮设施数量明显不足。

7. 公共广场：广场空间相对较大但利用率不高。广场上大多有休闲阶梯设置，但尺度过大，少有人在此休息，积灰较多，大量此类公共空间被闲置。部分广场设置塑料草地，缺乏美观且不实用。通过观察发现，在非工作时段此类公共空间的利用率也很低，虽然工作日中午时段人流量较多，但公共广场使用率依然不高。夜晚，广场及其他公共空间灯光照明较少。

8. 室内办公空间：室内办公区域通道宽敞，人流较少，欠缺适当的艺术设计以缓解工作人员视觉疲劳感。办公间歇，人们只能站在空中连廊休息、交流。

9. 快递临时存放区：与外卖临时存放区问题类似，快递存放无人看管，安全性较差，且临时帐篷设置缺乏美观，物品无序堆放。

10. 边缘人群：基地中除了写字楼内的白领，还有更多的活动人员包括保安、外卖员、

清洁工、货车司机等，这些属于场地上非主要使用群体的边缘人群，他们同样也是场地的使用者但却经常被忽略。

在初步实地调研后，小组回到学校着手开始对软件产业基地的详细情况进行背景资料与文献搜索，信息汇总如下。

表 9.6　深圳软件产业基地背景资料与文献梳理（学生提供）

地理区位	深圳软件产业基地位于深圳市原经济特区西部的高新技术产业园大片区，北起广深高速公路，南到滨海大道，西临麒麟路、南油大道，东至沙河西路，面积 11.5 平方公里。北环大道和深南大道横贯其中，将高新区自然分割为南、中、北三个子区域。
周边及交通条件	世界企业林立，有腾讯滨海总部大厦、百度国际大厦、A8 音乐大厦、三诺智慧大厦、芒果网总部大厦、荣超后海总部大厦、 易思博软件大厦等知名企业总部。深圳市软件产业基地紧邻后海金融总部基地，是国家科技部"建设世界一流科技园区"发展战略的首批试点园区之一。
城市发展历史（城市发展历史背景为软件产业基地的发展奠定了基础）	1979 年，中国南方沿海的一个小渔村一声春雷，万物生长。空谈误国，实干兴邦，改革开放创新的主旋律在深圳首唱。 1983 年，"时间就是金钱，效率就是生命"的口号代表了深圳蛇口工业区的精神，就新型生产方式与生产关系，国内掀起社会主义市场经济的探索。 1995 年第一家国家火炬计划软件产业基地诞生，改变了我国没有软件园的历史，开启了我国软件产业的集群式发展。 2007 年，深圳软件产业基地产值达 860 亿元，出口 45 亿美元。分别位于全国大城市中的第二位和第一位。深圳已成为国家主要的软件出口基地和服务外包基地城市示范区。 2013 年，深圳市软件产业基地开盘，因其独特的区位优势被称为"皇冠上的明珠"。首批入驻云集航航空、万国思迅软件、深宝实业、联代科技、万兴信息等一大批科技创新企业，以及小担保公司等金融服务企业。 2016 年，软件产业基地不仅被选为深圳市"十二五"期间战略性新兴产业基地建设的重点项目，高新产业园区优化升级的标杆项目，更是投融资本体制改革的示范项目。 2016 年，软件研发经费为 152.7 亿元，占比达到 54%，为基地创新活动开展奠定了坚实的基础，促进了基地整体创新活力的提升。 2018 年，不忘初心，继续谱写软件产业基地的崭新篇章。
时代背景 时代发展对软件基地提出了新的要求，即产业转型以及创意阶层的崛起	与西方发达国家曾经面临的挑战类似，我国大城市也面临着从劳动力密集型产业向资本密集型产业，以及知识\信息密集型产业转型的迫切需求。不同的是，中国各大城市进行的产业转型大多是在原产业持续生产的基础上进行主动迭代升级，与西方国家经历的"断代式"被动发展不同。

　　　　　　　第九章　环艺课程教学实录中的"设计方法"

（续表）

基地定位	深圳市软件产业基地打造基础服务、公共服务、延伸服务三重体系，搭建政策咨询、行业审批、投资融资、业务洽谈、人才培养、行业交流、专利申请等多元平台。得到市政府的全力支持，提升软件行业的整体规模，目标为缔造深圳软件企业的全球影响力，为有行业前景的高成长型中小软件企业提供充足的发展空间和深层的专业化服务，成为以软件及信息服务为主的软件产业基地。

完成第一阶段场地调研和资料梳理后的主要工作便是小组讨论、汇总与反思，并且在进入下一调研阶段前安排好工作，准备在课堂上向老师汇报进度，小结表格如下。

表 9.7　调研阶段一小结（学生提供）

反映两个问题	1. 不要为了发现问题而发现问题，观察时要更注意细节。 2. 有任何新发现，在小组群里反馈，不需要单独向组长汇报。
PPT 制作	一、第一板块目录（项目基地分析）： 1. 周边区位；2. 周边以及交通条件；3. 历史背景；4. 时代背景（产业转型\创意阶层）；5. 基地定位。 二、场地调研表现： 1. 周边区位；2. 交通条件；3. 四大功能分区。 表现手法：地标建筑、场景拼贴、场地图解（PS、CAD，不同颜色表示分区） 三、PPT 制作 统一色调以及制作方法。
已有资料及思考方向	已有资料：软件基地初印象、其他二手资料收集。 思考方向：亲子科技教育创意文化展馆、快闪文化节\快闪创意集市、创意报亭。
确定问卷/访谈内容	问题整理：整理出针对"第三空间"的问题，问卷在工作日\节假日各发多少份？ 态度探询问题： 1. 软件基地给您的印象是什么？用三个形容词形容。 2. 用几个形容词形容您的工作环境？或者说一段话。 3. 软件基地的消费水平您认为如何？ 4. 此处哪一个地方最满意，哪一个地方最不满意？（这里的设施是否便捷） 5. 您对您的工作环境满意吗？如果不，您认为可以有哪些改进的地方？ 6. 您认为软件基地哪里需要改进吗？

	工作日： 1. 早上会几点出家门？ 2. 如何处理早餐？ 3. 上下班一般会选择怎样的交通方式呢？ 4. 中午的休息时间会有多长呢？如何去使用这段时间？ 5. 下班后会去哪里休息呢？ 6. 下班后还会愿意继续在此地逗留吗？ 非工作日： 1. 平日会有哪些兴趣爱好？ 2. 非工作日期间会选择来软件基地吗？ 3. 会愿意带家人来这里吗？

　　在第一阶段调研接近尾声时，学生在文献资料搜索到了关于"第三空间"与创意阶层的研究。"第三空间"通常指的是除了花大量时间居住和工作以外的非正式公共聚集场所，如咖啡馆、商场、餐厅、社区中心等。雷·奥尔登堡（Ray Oldenburg）在《绝对的好地方》一书中指出拥有第三空间的重要性，它的存在构成人们发展弱关系的场所，不必要与熟人常碰面，而是根据兴趣与愉悦寻找可以交流的伙伴。第三空间是人类日常生活不可分割的一部分，它更多地满足了人们在生理需求、安全需求之上的社交需求，与群体产生内在自发的联结以实现自我价值。在以兴趣点为连接纽带的各种非正式社交团体与空间中，人们可以获得工作以外的价值肯定。因为与个人兴趣爱好或生活习惯相关，这类活动与空间往往能带给人更大的心理满足，并且对相似的群体产生更强的认同感与归属感，持续地激发了人们来此参与活动的积极性。另外，学生将软件产业基地与其他类型的产业园如华侨城创意文化产业园这类以文化艺术产业为主的办公休闲场所进行对比时，发现了人群职业与阶层的社会学分析：根据经济学家理查德·佛罗里达（Richard L. Florida）的《创意阶层的崛起》一书中对创意阶层职业类别的划分，不难看出当今社会对创意阶层的定义已经不仅局限于从事文化创意类工作，而是涵盖了现如今几乎所有的技术职业岗位或者说是白领，包括高科技创新领域的从业人员。"创意"本是艺术领域的概念，现在已经融入了各行各业，融入了大城市的日常生活

当中，成为大众生活方式变革的重要线索。此外，佛罗里达在研究中也表明，第三空间是决定这个社区是否具有吸引力的关键。由此可见，文化与生活方式的变革、人群职业结构与产业转型等议题是息息相关的，与空间聚集的关系虽然较为隐性但也是不可忽视的。学生的这一发现对于场地的深度认识有着非常重要的作用，证明了他们对空间环境的认识已经跳脱了物质表象的层面，深入对经济发展与社会文化背景的思考。

由以上小组工作进度汇总可见，设计调研过程极其复杂且细碎，小组需要提前对调研工作进行规划安排，并且及时汇总以便反思发现的问题。而对场地蕴含的社会性问题思考也需要建立在细致入微的观察和较强的文献研究能力基础上。本小组成员首先在组织工作方面体现了极强的计划性与纪律性，为整个设计调研打下了很好的基础，方便后续工作有序地展开。

调研阶段二

在初步调研和拟定下一阶段将使用的调研方法后，小组成员在国庆假期间各自做好了桌面准备工作，确定了第二阶段的主要任务有问卷设计、问卷发放、数据整理与分析和创意非结构化访谈。在出发进行第二阶段调研前，组员首先进行了两次头脑风暴来确定两张问卷的设置，分别是关于软件产业基地基础信息和设施满意度的调查。因考虑到在线问卷调查软件"问卷星"的填写比较复杂烦琐，受访人不易建立信任感且容易失去耐心，效率不高，因此小组选择了派发纸质问卷，再手动输入数据的方式。问卷设置、排版、打印完成后由 7 名同学分头派发，并配合非结构化访谈。一天后，小组共收到软件产业基地基础信息问卷 90 份和软件产业基地满意度问卷 87 份，以及创意非结构访谈结果若干。

结合软件产业基地基础信息调查和前期实地观察数据得出，软件产业基地的主要人群是年龄介于 20~35 岁之间以本科学历为主的创意阶层和部分服务行业人员。来园区的目的绝大多数是工作，在园区的时间也绝大多数为工

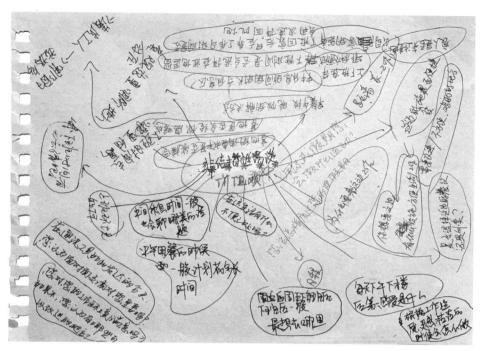

图 9.8　每一阶段工作前进行头脑风暴（图片来源：学生提供）

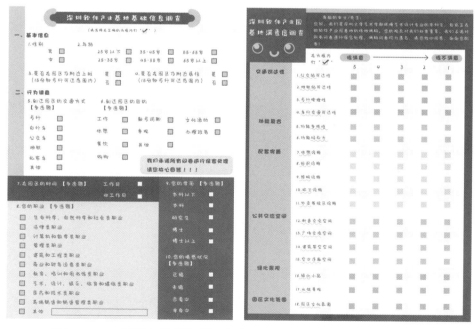

图 9.9—9.10　软件产业基地基础信息与满意度调查问卷（图片来源：学生提供）

　　　　　　　　　　　　第九章　环艺课程教学实录中的"设计方法"

图 9.11　现场问卷调查

作日。另外，从软件产业基地设施满意度问卷调查数据中可以看出交通可达性较好，交通方式多样，但设施功能多样性、吸引力和满意度较低，水体景观、绿化小品、园区文化氛围满意度较低，标识设施、标识建筑满意度低，娱乐休闲设施如酒吧、KTV 多样性较低。这些满意度较低的空间问题不禁引起了学生的思考，这座依靠政府统一规划建设并被寄予厚望的产业园区，果真如此缺乏活力吗？答案是否定的，只是它有失控的地方。同学们认为无人问津的报刊亭、鲜有人去的广场空间以及略有不足的园区基础设施配备就是它失控的地方。软件产业基地本应是一个丰富的小世界，尽管办公室里应有尽有，人们却没有一个走出来的理由。这么年轻充满创新力的空间为什么没有活力？如何才能让这里焕发出它本该有的生机？为了探询这些问题的答案，学生们将目光投向了更小尺度的室外空间，调研工作也由此进入了下一阶段——一横三纵，分三个小队分别聚焦创意报亭、交流空间与休息空间。

环艺设计方法论

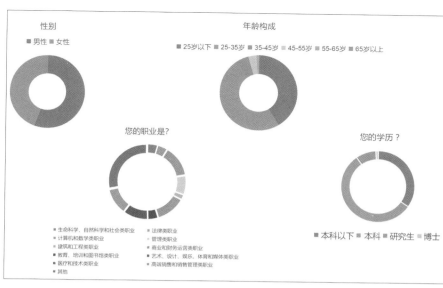

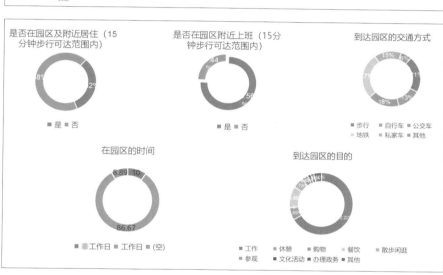

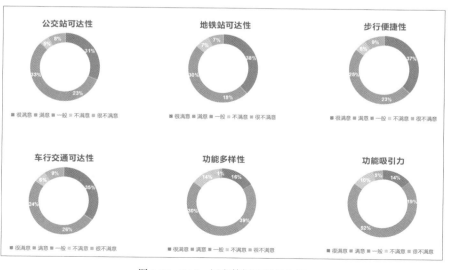

图 9.12—9.14　问卷数据整理与分析

对于三个小尺度空间的研究是通过运用创意非结构化访谈法展开的，创意表现在与使用者访谈时融入创意板卡牌游戏、展示优秀案例引导。首先针对"创意报亭"的非结构化访谈开展流程如下。

1. 提出针对性问题。

刚来这里的时候会感到软件产业基地的路不太好认吗？

有注意到这里的报亭吗？有消费经历吗？

如果报亭的外观和功能发生改变，你会更愿意去看看，甚至是消费吗？

2. 观看国内外优秀案例。

展示方案的可行性，加深受访者对话题的认识（见图9.13）。

3. 卡片小游戏。

第一步，在已给出的卡片中选出自己感兴趣的放在创意板右边的区域；

第二步，没有现成的卡片，但可能吸引你的功能请写入创意板左边区域；

第三步，询问称呼方式并且记录受访者的意见。

通过前期观察问卷结果，学生了解到人们可能对于交流空间和举办活动有一些需求，然后选取了广场阶梯这一方向展开深入调研，首先发现并提出问题：广场为什么这么空？阶梯为什么没有人使用、组织活动等？创意非结

图9.15　案例板与意向功能小卡片（图片来源：学生提供）

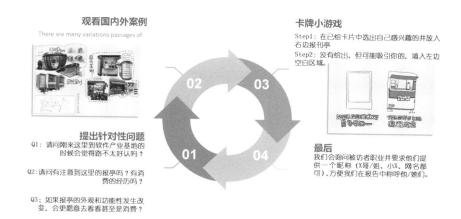

图 9.16　非结构化访谈流程（图片来源：学生提供）

图 9.17　访谈信息整理（图片来源：学生提供）

图 9.18　创意非结构化访谈现场（图片来源：学生提供）

　　　　　　　　　　第九章　环艺课程教学实录中的"设计方法"

构化访谈开展流程为：

1. 提出针对性问题。

在你下班或在基地空闲时你会去哪里休息？

你在使用这片场地时有感到什么不适吗？

这个基地对比其他的地方你觉得会缺少什么吗？

2. 绘画小游戏。

在原有公共空间照片的基础上对闲置场地进行留白处理，鼓励受访者提出对于空间设施的不满，并且尝试在画面中通过简单绘画添加表达对于该空间的想法。

第一步，根据原场地照片，观察并思考；

第二步，在喜欢的地方画上或写上自己的需求。

3. 观看案例。

如受访者没有特定想法，展示出一些网上搜索的可行性案例，让受访者挑选觉得可行的要素。

4. 询问称呼方式并且记录受访者的意见。

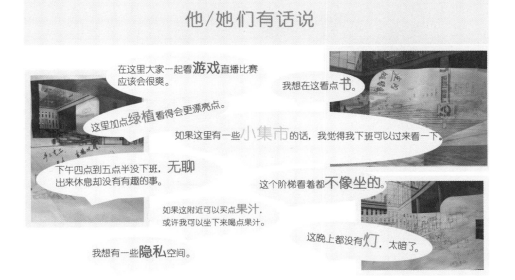

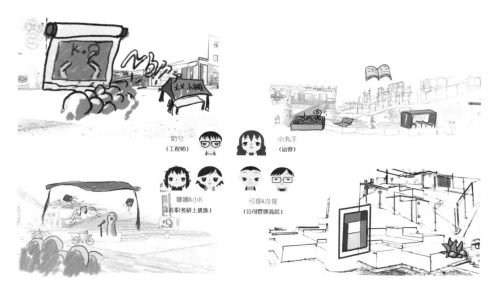

图 9.19—9.20 访谈信息整理（图片来源：学生提供）

图 9.21 创意非结构化访谈现场（图片来源：学生提供）

第九章 环艺课程教学实录中的"设计方法"

然后通过针对交流空间的创意访谈，学生们想到一些现象可以通过小漫画的形式来表达。访谈调研获得的信息表示出：（1）休息阶梯功能性不明确，人们无法识别是否可以坐，这可能与物业管理方式密切相关；（2）缺少照明、绿化等基础设施，座位区域材质舒适度弱；（3）广场空间几乎无活动组织。

第三个聚焦点休息空间主要考察的是边缘化群体如外卖员、清洁工等在软件产业基地场地上可能的临时休憩点。根据现场走访发现了不同阶层人群对空间的使用需求不同、评价不同。主流人群使用的室内办公空间休憩设施完善，利用率较高，而边缘人群使用的室外空间存在诸多的不合理，设施不完善。方法上也大致遵循以上两组所进行的非结构化访谈。同学们在设计调研过程中搜集的国内外相关改造案例既是作为启发受访者的访谈工具，也为本场地的未来改造提供灵感来源和针对性意见。

调研结果与场地反思

总结第二调研阶段进行问卷调查及非结构化访谈后的结果，同学们再一次用表格的形式清晰地将要点、问题及改善建议一一列出。

表9.8 要点、问题及改善建议汇总

方面	要点	存在问题	建议
空间设施	水体景观、绿化小品、文化氛围满意度较低	空间利用率低、设计不合理	激发非正式的"潜在功能"
	办公楼下、空中连廊无休憩设施		
	楼顶有绿化公共空间，但无人使用		
空间视觉标识	功能多样性、道路多样性缺乏	整体建筑街道缺乏吸引力，员工对工作环境不熟悉	增添日常生活化的视觉呈现，舒适工作环境中的严肃感
	标识设施满意度低、建筑外表识别度不高		
	下班即走，很少逗留，非工作日不来基地		

方面	要点	存在问题	建议
附属配套	咖啡馆多、茶饮品牌较少、店铺间隔较远	缺少休闲娱乐设施等增强交流的"第三空间"	识别出多元生活方式下的消费倾向
	休憩设施满意度较低，酒吧、KTV 等娱乐设施少且不易识别		
社交活动	创意广场市集反映良好	缺乏活动组织	需要创意运营管理团队及内容
	创意报亭反映较好		
	有交流需求（女性尤其）		

结合三个小分队的调研结果以及前期积累，小组提出应提高空间吸引力，优化广场空间，丰富组织活动的概括性建议。在微观尺度上提出升级现有报刊亭增加茶饮、花店和可移动属性，增加广场阶梯的座椅与隔挡、增加餐饮服务设施的建议。针对最终调研结果同时使用了定量与定性研究方法，定量分析主要体现在问卷调查方面，定性方法主要用于非结构化访谈记录的整理分析。

总结归纳："软件产业基地 A 组"的设计调研过程首先采用了实地观察法，得出了"现象时间轴"，分析了软件产业基地在一天中不同时间段的人流量、交通工具与行为活动。通过筛选信息，学生主要关注到餐饮设施不足、公共广场利用率低、报刊亭无人问津等问题。紧接着，调查问卷主要面向基地工作人员、行人、工人派发，问题包含年龄、职业、通勤时间、就餐选择等。通过问卷调查，学生总结出经常活动于基地的人群主要是 20~35 岁之间以本科学历为主的创意阶层以及部分服务阶层，来基地的主要目的是工作。同时，基地交通通达度较好，交通方式多样，但设施功能多样性和吸引力较低。结合创意非结构化访谈与以上方法，学生创作了故事板，描绘了有关标识设施、广场空间、休闲娱乐设施与休息空间的小场景，最终以文字的形式提出了未来改造方向与建议。而在同时进行的文献资料研究过程中，学生发现的"第三空间"与创意阶层议题很大程度上影响了设计研究问题的形成，在此调研

图 9.22　电影《玩乐时光》（playtime）截图，导演：雅克·塔蒂，1967 年（图片来源：纽约现代艺术博物馆 MoMA 官网）电影中展示的现代化办公场景讽刺了标准化生产方式与空间组织方式对人性的泯灭，呈现了每一个工作的人机械化的运动状态和漂泊茫然的意识。

报告里即是公共休闲空间与不同职业群体偏好的问题，这一系列问题在调研过程中扮演着关键性的角色。

　　2018 年获普利兹克奖的印度建筑师巴克里希纳·多西曾说过，"当生活方式和建筑融为一体时，生命才能开始庆祝"。由此联想到，任何一个产业园也好、创意文化园也好，它的建筑与空间设计应该从纵深上吸引人的聚集，而不是简单粗暴地用钢筋混凝土堆砌出一个个房间作为生产车间。现代社会的生产方式已经将人的居住与工作空间完全区隔开来以求生产效率最大化，然后这样的空间组织方式终究是反人类、反日常的。人的社会生产和自我生产需要不断地在时间与空间维度上交替来达到满足，也就是说，只有将人性化的日常生活片段融入工作空间才能够真正地激发大众生产的潜力。

　　在整个小组调研过程中，同学们表示遇到了很多困难，也少不了一些冲突，但是最终都认识到设计方法的学习不仅在于指导如何成为一个设计师，更是指导他们去成为一个无时无刻都在观察生活、理解生活、思考生活的人，也只有如此，生命才能在日常生活的多维碰撞中变得精彩。

第三节
设计课程反馈

总体评价

　　课程结束后向学生发放调查问卷，询问对课程的看法体验、学习总结及改进建议。结合研究生助教对学生的访问，以及环艺系其他任课老师的间接信息反馈，学生普遍表示"设计方法"课程敲开了他们认识专业的一扇大门，一旦掌握了基础的设计调研工具，在其他设计课上的作业就变得顺利起来，对今后的专业学习帮助较大。尽管方法类课程的有效性被初步证实，但通过对教学实践的观察也总结出一些问题：首先，大部分学生前两周难以消化课程讲授内容，这样的困惑直至课程结束才基本解决，这是因为方法论的概念毕竟是研究生阶段才需掌握的，低年级本科生还不具备这方面的宏观思维，需要经过大量的专业课练习与社会实践才能逐渐理解方法论的意义；其次，图面表达成为二年级学生首先需要攻克的技术难题，因当时学生大多未系统学习过 Photoshop 或三维建模等软件，而课程期间学生依靠自学软件或手绘等方法解决了当下需求；最后，学生不仅要消化知识，解决技术问题，还要协调小组分工与沟通问题，这无疑为 7 周的紧张学习又增添了压力。

　　"设计方法"课程从构想到实施经历了一个较为复杂且漫长的过程。基于此门新课程预计进行三个回合的教学实验，系统性地阐述设计调研与方法的基本理论、原则、工具与教学反馈。实际上，经过"设计方法"课程的训练，深圳大学 2019 级、2020 级环艺专业学生在之后的设计课题里也都熟练地运用了用户画像、半结构化访谈、拼贴意象图等方法来推进方案。这说明了前期的方法论训练能够对学生设计思维培养起到帮助作用，以全新的社会创新范式熏陶了当代设计专业学生。

学生评价

环艺学生林国祥：相对于我们专业来说，作业的内容和形式是我们能学到最多东西的环节。课程里老师讲了很多关于场地的内容，包括如何去了解介入一个场地，在课堂上这是相对比较好懂的，但当你真正去实地调研就会发现这其实比想象中的要复杂很多。因为场地是随时在变化的，场地的人和建筑也在变化，而我们的目的是试图了解这个场地，并探讨它未来应该如何发展。在互联网上搜索很多有关于场地的内容有助于建立初步的认识，但肯定是不够的，因为你会发现互联网上充斥着各种各样繁杂难辨的信息，这也是为什么需要我们实地考察的原因。因为当你真正介入这个空间，它给你的感受才是相对比较真实的，由此才能更进一步去了解，只有足够了解这个空间，才能更好地去规划它未来的发展。作业的形式也是以小组为单位进行的，这不仅减少了我们的工作量，还可以锻炼小组成员的沟通交流合作能力。课程结束了，在这门课上我学到了很多，包括在往后的设计项目中该如何去收集资料以及对场地发展的深入思考，这是这门课给我带来的一个感受。

环艺学生丁诗怡：我们小组有七位成员，四位大四、三位大二。由于大二同学刚接触环艺专业，在思维方式上与大四同学有些不同，更具有发散性思维。我们组调研的场地是 G&G 创意社区，起初我们比较多地关注场地现有的建筑及周边物理条件，而忽视了其运营模式。这可能也是环艺专业学习容易落入的陷阱，就是只关注基地物理环境，例如分区规划是否合理、商铺分布是否合理，而这些认识都是从我们作为空间设计专业者的角度出发的。一个创意社区的主要功能就是社交，我们第一次去考察发现场地过于闲置，人流较少，便以为此现象是常态，是不正确的。后来我们挑了不同时间段去考察，发现事实并非如此，只有在非活动时间段社区场地才会被闲置，给人一种废弃的感觉，而在活动时间段内场地是非常热闹的。大四生听这门课感觉挺好的，对前期的场地分析方法有了较为系统的了解。

环艺学生张仲夫：设计方法这门课程十分适合环境艺术设计的同学，课程让学生组队自己去发现问题，老师辅助教会我们如何对一个未知的地点开展调查研究，并通过自己所看所想以及小组沟通交流结合形成一个方案汇报给老师和同学们，让他们也去发现认识这个地方。课程中讲到了很多新的设计方法，十分适合刚接触环境设计的同学去学习如何调研场地、如何发现问题。另外，如果没有小组中大四学长、学姐的软件辅导，我还是会像一个无头苍蝇一样到处碰壁。小组成员十分团结友好，这次的小组合作对我来说十分有意义，让我学习到了很多如任务分配、小组资源整合等技能。这门课程给予了我很大帮助，感谢老师！

环艺学生周曦：这门课对我来说是比较重要的。首先是老师上课讲的关于场地调研的一些具体方法非常有用，同时实地调研让我们切身体会到了具体要做哪些工作，也锻炼小组合作交流能力。前期我们了解了基地定位、历史背景、经济文化等概况；中期我们通过访谈、跟踪调查、问卷调研等，了解到这个场地的使用人群和周边邻里关系，同时也了解到人们对场地的满意程度和使用感受；接下来后期，我们就对收集到的数据进行分析处理，通过这种思维方式（客观现象—客观原因—主观思考），我们对实地观察到的现象做了深入的内容分析。然后是小组内部的交流与分工合作，我所在的小分队工作是观察场地人群：场地年龄段差异性小，使用者多为年轻人，由于周边住宅小区较多，也有中小学校，跟踪调查发现接送孩子的多为老年人，但是场地的老年使用者极其罕见，这可能与场地的消费水平偏高有关，同时还发现可能由于疫情管理、视觉导向等原因，场地靠内部的店铺几乎都关闭了。与此同时，我们也发现这个场地的固定来往人群满意度很高，据他们说是喜欢这种生活方式，喜欢这里的环境，让人心情放松愉悦。总之，这门课给我的最大帮助，就是让我从对场地调研无从下手毫无思绪的状态，慢慢转变成知悉一套调研方法与思路，并且这套方法还可以运用到其他课程中。

　　　　　　　　　第九章　环艺课程教学实录中的"设计方法"

第十章　欧洲设计院校两个案例看"设计方法"

　　在英国和比利时两国留学、访问设计院校的经验，激发了笔者开设"设计方法"课程的原初冲动，经过目前两轮教学经验的积累，在课程理论和实践上有了较为理性和成熟的思考。特别是成为大学老师后在比利时安特卫普皇家美术学院做课程联合导师的经历，让笔者得以更多地带着问题思考，以两所国家著名设计院校的教学方法为借鉴，勾勒出开设"设计方法"课程的基本框架。

第一节
谢菲尔德大学建筑学院设计方法教学体系解析

谢菲尔德大学建筑学院是英国著名的建筑院校之一，教学与科研实力都非常雄厚，在全英建筑专业院校排名里一直占据前端，全球 QS 学科排名也在前 30 名以内。学院的建筑学课程受英国皇家建筑师协会（Royal Institute of British Architects，RIBA）认证，本科课程阶段即 RIBA Part 1 认证，硕士课程毕业即可获得 RIBA Part 2 认证。由于各国建筑学教育体制不同，建筑学院还设有面向国际学生的研究生授课课程 Master Course。在实际教学过程中，Master Course 的学生往往是和 RIBA Part 2 的英国本地学生合班上课、合作研究。同时，在国际交流方面，谢菲尔德大学建筑学院也一直积极拓展沟通与合作，不仅与欧洲多所著名院校结成合作伙伴关系，在中国也非常活跃地开展学科交流和建立校友网络。

谢菲尔德大学建筑学院始建于 1908 年，由当地建筑师协会协助成立，最初的目标主要是为当地建筑公司培训员工。到了第二次世界大战后，因市场需求增长，学校开始扩大招生范围，拓展专业方向，进而形成了最初的城市规划、景观建筑和建筑设计，并且借此机会于 1965 年入驻了谢菲尔德大学山顶的标志性高楼 Arts Tower。从建校的初衷可见，建筑学院一直以来都较为注重项目的落地性与学生的实操能力，因此它在企业与学生中常年保持着良好的声誉。

在教研体系设置方面，研究生专业设有建筑设计、景观建筑设计、城市设计与规划、可持续建筑研究、建筑协作实践等，同时与多个主题研究室交叉联合开展设计研究项目（设计、参与实践研究室，教学、实践和奖学金研究室，人类、环境与表现研究室，空间、文化与政治研究室）。建筑学院的本科与研究生课程教学都是基于各种各样的研究主导的设计工作室（studio）和广受好评的 Live Projects 项目展开的，教学模式包括座谈会、工作坊、田野调查和材料实验等。其中 Live Projects 是谢菲尔德大学建筑学院的招牌课程，已经持续了 20 年，完成了 150 多个项目，类型涵盖实际建造项目、景观设计、城市总体规划、设计咨询工作等。学院会在学生与真实客户之间牵线搭桥，学生得以与当地社区团体、市政府议会、慈善机构和建造商在内的真实客户合作解决一系列具体设计问题，为当地社区提供专业知识。与在设计公司遇到的真实项目一样，每一个 Live Projects 都有任务书、时间节点、成本预算等多个约束条件，学生与客户也会如常规工作状态下一样定期会面沟通。Live Projects 项目充分激活了学院现有的师生资源和学术科研基础，学院也会为学生的设计成果努力搭建展示平台，让更多当地民众和组织可以了解到学院正在实践的参与式设计活动，同时也为拓展更多实际项目合作的可能性。

除了 Live Projects，学院的其他课程也都鼓励学生带着设计课题与市场、本地社区、居民接触，训练学生以一种现实的眼光看待自己所从事的工作。研究生阶段的学习主要围绕着一个大设计课题（Design Studio）和毕业论文（Thesis Project）展开，其中大设计课题由一位导师带领设计研究工作室（studio）进行前期小组合作调研加后期独立完成设计。大设计课题通常会持续 5~6 个月，过程中会配合一系列方法论及专业选修课程，如前文介绍过的"建筑设计过程的思考""设计中的环境与技术""复合材料装配""低影响建筑材料"等。所有这些课程或课题皆贯彻了实用主义的思想，包括对在地文化和公民权益的探讨，对建造材料与构造方式的考察，对环境可持续性的研究等，环环相扣，理念统一。考核的方式主要是过程考核及最终设计成果考核。设计过程中的考核主要是在导师工作室内部进行，每周导师会与小组成员一对一进行沟通辅导，此外大约每隔一个月举行一次中期评图（review），中期评图除了工作室导师以外还会邀请到其他工作室导师在学生汇报完后对其进行提问并给予建议，最后的设计成果考核则是由两位本工作室以外的教师合作对学生方案汇报进行评图。值得注意的是，在国外建筑院校不定期评图是一种常见的学生与老师沟通进度、交流方案的手段，目的在于让导师及时把握学生作业的方向，给予指导、促进学生自主学习。就设计课题这一课程类别而言，无论是本科生还是研究生都大致遵循这样一套方法，而非由教师授课完毕再布置作业，这与国内院校普遍采用的教学方法仍有很大的不同，后者往往容易导致授课内容与学生实际作业脱节。鉴于对现有建筑、社会和环境问题的关注，学院通过教学研究与社会多方组织、机构、企业建立了良好且强大的伙伴关系网，尤其是依托 Live Projects 项目开展的一系列具体的空间实践，实际上也是另一种方法论层面上的建筑创新。学生对于课程体系的普遍反馈是让他们能够更顺利地从学习状态过渡到工作状态，因为实际工作中面临的各种沟通方式、项目挑战都是他们在学业阶段就经历过的，因此已经积累了一定的经验。

与传统建筑教育以虚拟课题为主的方式不同，学生在谢菲尔德大学建筑学院被鼓励充分接触真实项目、真实客户与供应商，在实践的过程中遭遇各种挑战进而反思专业的各种理论基础，尽可能立足于真实的场地和使用者，避免建筑专业的学习困于固定范式、既有规则、正统教义等（传统建筑教育范式在现代主义思想传播到美国后逐渐定型）。然而，对现实问题的重点关注和对传统理论的挑战，并不意味着学生们没有对建筑这门学科进行学术方向的深入研究。相反，谢菲尔德大学建筑学院的学术研究在历史上便是与人文社会议题紧密相连的。一批激进的后马时代社会主义建筑师／教授通过术学并进的方式发表了一系列主张、专著、社会活动以对抗传统建筑教育的刻板框架，拒绝让建筑专业人士成为资本的工具，解除现代主义生产方式对人与职业的桎梏，拷问了建筑设计的本质意义。诸如 *Architecture & Participation* 的作者团队，同时也是谢菲尔德建筑系的教授们，Peter Blundell Jones、Doina Petrescu、Jeremy Till 以及本人的导师 Teresa Hoskyns、Nishat

图 10.1　谢菲尔德大学建筑学院所在 Arts Tower 大楼（图片来源：作者自摄）

图 10.2　谢菲尔德大学建筑系工作室（图片来源：作者自摄）

图 10.3　建筑设计工作室汇报（图片来源：作者自摄）

　　　　　　　　第十章　欧洲设计院校两个案例看"设计方法"

Awan 皆从自己的视角出发，站在社会正义与公平的立场上，批判思考了后工业时代更人性化的非传统建筑实践。这些理念对建筑设计学生和专业领域人士，甚至行业和社会都产生了巨大的影响，包括后来一批留学回国的建筑学子皆在自己的领域深耕实践或学术研究，关注城市平民和弱势群体，传播人道主义思想，呼吁设计方法的变革。

从学院教学体系结构与核心理念可以看出，整体的教学方针偏向于社会服务和务实的设计理念，目的在于培养能够成熟衔接市场的建筑设计师而非建筑艺术家，同时又以人道主义理念引导来自全球各地的学生反思建筑师的社会责任。尽管其他秉持先锋和未来主义理念的顶尖建筑院校（如伦敦 AA 建筑联盟）也在以自己的方式培养具有独立思想的建筑师或艺术家，但谢菲尔德大学建筑学院与它们最大的区别是带有强烈的设计民主和民本理想的教学科研理念，一切基于真实的世界和项目可行性，着眼当下的市场需求和社会现实，并相信建筑可以为我们生活的空间带来现世的改变，这对于新时代中国建筑设计和环境艺术设计而言，无疑是具有借鉴意义的。

第二节

深圳大学—安特卫普皇家美术学院海外学习中心计划

2017 年 5 月，深圳大学艺术设计学院与比利时安特卫普皇家美术学院合作建立并启动了海外学习中心项目的教学计划，以此提升深圳大学设计学生的国际视野，着力推动设计教育改革。海外学习中心目前已顺利实施六期，共有 96 名学生、8 名教师赴比利时进行学习交流。本教案主持者作为 2018 年 5 月、11 月第五批和第六批海外学习中心项目的带队老师和课程合作导师，全程参与了海外学习小队的教学与生活，因而得以全程记录下这个联合教学项目的实况。通过两次参与海外学习中心项目的教学与管理，对教学实况进行适时记录，系统整理并总结了深大学生在欧洲学习过程中自身的思想转变、对专业的更新理解、对技艺的深入接触以及对欧洲文化的体验感触。虽然这两次海外教学合作计划项目都是围绕服装设计而展开的，但是同样都要解决人与物的关系，同样面对人与空间的关系，从设计方法论的视角，异曲而同工，从中受到极大启发。

建立海外学习中心的意义

安特卫普皇家美术学院（Antwerp Royal Academy of Fine Arts）是享誉全球最老牌的美术学校之一。1663 年由画师、雕塑家和印刷业者同业协会主席 David Teniers 创立。历经数百年发展，20 世纪 60 年代传统意义上将"应用艺术"视为比"传统艺术"更低的价值观念已经过时。为顺应时代发展的需求，安特卫普皇家美术学院增加了一些新的艺术与设计门类，其中包括油画、版画、平面设计、摄影、珠宝、陶瓷艺术、环境艺术（公共艺术）和时装设计等。安特卫普皇家艺术学院于 1963 年开设了时装设计专业，由于 20 世纪 80 年代"安特卫普六君子"（The Antwerp Six）的意外走红，逐渐成为国际上最重要的时尚设计高等学府之一（见图 10.4）。[1] 如今的安特卫普皇家美术学院时装设计专业无疑是国际上最著名的时尚设计专业之一。在那里，时尚被视为对时代信念的表达，关注服装、身体和社会之间的关系，融合艺术创新与技术创造的门类艺术。时装设计课程重点强调带有艺术性和创新性印记的设计，鼓励学生采用新形式、利用原创材料和可替代性材料，鼓励学生去探索创新的自由和创意过程。

每批前往安特卫普的深大设计学生将完成为期 3 个月的课程学习。安排的课程包括素描、版画、丝网印刷、系列讲座、博物馆考察，以及每周两天的专业设计课程。参加海外交流学习计划的初衷，就是让同学们在深大带队

第十章　欧洲设计院校两个案例看"设计方法"

图 10.4　2018 年安特卫普皇家美术学院服装设计毕业秀（图片来源：作者自摄）

老师的帮助下接受安特卫普本校专业课老师一对一的课程教学与辅导，使同学们能够在语言、课程及思维方式上尽快地适应新的设计教学体系，了解当今国际设计教育的前沿理论，洞悉国际设计潮流的流变规律。对于在高校从事设计教学工作的许多青年教师来说，虽然大多有留学国外的经历，接触过比较系统的西方教学设计理念，也经历过东西方文化的碰撞与思维的转变。但是，笔者两次以合作导师的身份得以更深入体会欧洲设计教育的综合场域关系与现实环境，在广度与深度上更加开拓了自己的设计教育视野，加深了对未来设计教育多学科、跨专业、大综合的趋势认知，为今后设计教学改革与实践提供了更具国际化视野的培养思路。笔者所做的教学实录可以视为一份详细的业务报告，将教学中的关键点记录在案，着重观察海外导师引导学生思考的方式，揭示教学过程中对设计思维产生重大影响的细节。对安特卫普皇家美术学院时装设计教学过程的实录，均来自本人与安特卫普皇家美术学院服装设计系导师、助教和本地学生的交流。

海外学习中心项目教学的经验与思考

深圳大学海外学习中心项目教学的"精神导师"就是"安特卫普六君子"，可以说这是一份难得的精神遗产，所有的教学都离不开他们的影子。这次海外教学项目时装设计组的责任导师是任教于安特卫普皇家美术学院时装设计专业的 Veronique Branquinho，她是继"安特卫普六君子"（The Antwerp Six）走红之后，在国际时装界取得瞩目地位的第二代女性设计师。Veronique 是一位多元化的比利时设计师，而作为一名服装设计教授，她以严苛出名，在教学中一以贯之体现了自己的个人风格，这符合安特卫普皇家美术学院时装设计专业一贯的高要求、高品质、高淘汰率的做法。每年录取进入服装设计专业学习的一年级新生有 200 人左右，每升一个年级即要淘汰将近一半的人数。也就是说在高淘汰教学之下，最终升上四年级并且顺利通过毕业设计获得学位的学生人数基本不到最初录取的 20%。

面对来自深圳大学的服装设计专业学生，Veronique 教授很显然也有自己的一套教学方法和理念。相比于学习项目的最终成果，她更注重培养中国学生的设计思维，以及这种思维的展开过程，强调在研究与实践中不断探索设计师对自身特长的理解与表达，同时发现东西方时装设计学生思维模式的差异，反思不同文化背景下设计思维方式的冲击与碰撞。在 5 周时装设计课程开展之初，她将深圳大学和安特卫普皇家美术学院的合作项目比喻成一场"联姻"，她从一场完美婚礼必备的四件物品 "something old（旧的东西）、something new（新的东西）、something borrowed（借来的东西）、something blue（蓝色的东西）" 出发策划文本，展开时装系列设计的思考。旧的东西意味着来自中国的学生首先需要从自己的传统文化中寻找兴趣点并深入研究；新的东西是指对于传统文化，每个人因自己的背景经历成长环境不同都会对其有不同的理解，如何进行个人解读便是新的东西；借来的东西说的是

第十章　欧洲设计院校两个案例看"设计方法"

在设计当中将运用何种材料和工艺，这些技术性工具是现存的可挪来使用的；蓝色的东西表达的是一种贯穿整个系列的意象或者氛围，它一定是独一无二的，能够充分体现设计师个人特色的一种表现方式。课程成果体现为一个时装系列的目录，包括前期研究、概念和设计效果图，最终确定 5 套服装成为一个设计系列。这样的命题显示出了 Veronique 教授对于深大学生的设计才能寄予的期望。根据这个与众不同、令人兴奋的创意设计命题，学生随即开始像为自己准备一场婚礼一样展开了分析、研究与策划，在每周两次面见导师的间歇中努力地适应这里的节奏。

第一周关于"Me, myself & I"主题的自我介绍，尝试激发学生将自己感兴趣的事物、艺术、经历全部呈现在个人的视觉日记里，并且用图形和图像去表达。学生在 Veronique 的不断发问与探寻下开始真正地去挖掘自我的内在价值，这对于设计灵感的提取至关重要。因为对于服装设计来说，灵感永远是来源于自身的，是将自己的阅历、意识、观念、审美内化而后迸发出来的奇思妙想，不单单是阅读书刊而来的表面的流行元素或其他外部影响。在自我解剖的第一周之后，学生们正式开始从中寻找灵感、做概念拼贴板，并结合所选主题进行充分调研，开始向导师解释自己的设计初衷与思考。两轮的联合教学也引发了笔者的设计教学思考。

1. 设计灵感提取：我们现在常常讲文化自信、文化自觉和传统元素的现代设计表达，但在具体教学中又往往流于表面化的理解。在这次海外教学中，Veronique 要求学生从中国传统文化中找到设计灵感的切入点。她不断强调既可以是民族、民间服饰纹样，也可以是中国神话传说、音乐、戏剧，甚至还可以是某个历史事件，这个切入点即所谓的 Something Old。她要求学生所讲的任何故事，都需要将其提取为视觉元素放大表现，并引入时装设计当中，最终以该元素进行再设计形成一个系列。通常在这个教学阶段，我们很容易发现时装设计学生常常陷入一个"怪圈"。譬如，许多同学囿于具象的图形，企图单纯地将传统纹样或符号放大印在布料上而作为"设计"，这种民族元素的借鉴太过于直接，停留在图像的直接模仿与拼贴阶段。这样的所谓设计不能立体、深刻地反映设计灵感来源和内在的文化精神。这个阶段的灵感提取训练，不仅仅意味着提取色彩、纹样、符号、面料、形状等这些表征，还应该包括对传统文化与社会变迁之间关系的深入探究，尽可能地结合人类学、社会学、心理学等相关理论，寻找中国传统文化与现代时装设计表达之间的连接点。

2. 设计概念转化：在详细解释如何进行设计概念转化之前，Veronique强调必须弄清楚一个设计逻辑，即"抽象的旧知识＋具体的事物＝抽象的新知识"，抽象的知识整合起来就可被称为设计理论。因为设计理论的产生有赖于众人的共识，并且它的内涵一定是易于理解的逻辑，而且这个逻辑又是绝大部分人可以接受的。因而，抽象的知识已经具有高度概括性，更加像一颗果实中包含的种子，具体事物便可以理解为培育种子的环境，包括土壤、植物、风雨等。在设计灵感提取阶段，学生在搜寻的即是抽象的旧知识——理论，概念转化的目的就是在旧知识的基础上加入具体事物的影响，从学生的角度来看，这些影响因素便是自己的阅历、兴趣爱好、价值观或者是自我的深入挖掘，用自己的视角去看待现有的知识，最后形成抽象的新知识。这里强调的设计概念应该是个人化的、独特的和自我紧密联系的，在一定的审美引导下对服装进行艺术化处理，即是时装的概念设计。这与Veronique一开始就要求学生做好视觉日记的初衷一脉相承，有着自身的内在设计逻辑。同时，设计学生需要始终将穿着这一系列服装的潜在消费对象带入设计想象之中，并进行概念设定。什么样的职业、人群，去到什么样的场合会穿着这套服装设计作品。这对于反复审核设计可预见市场至关重要，时装设计最终需要投入市场，潜在客户群体的反响有时是鉴定设计成功与否的重要因素。

3. 时装画：时装画无疑是时装设计表达中重要的环节之一。首先，时装画需要完整且具体，作为时装设计最终呈现的平面资料，时装画表达内容是否精准极其重要，它可以让生产者、消费者更好地理解时装设计的概念，同时详细了解时装设计工艺、构造与细节，包括比例、颜色、材质与肌理，均需要用平面效果图的手法表达出来。其次，在画时装画的同时就需要考虑服装如何构成，而不只是平面的想象。譬如，百褶裙可能有很多种变形，那么在对百褶裙做变形设计的时候，需要根据实际情况，做立体剪裁实验来验证变形后的褶皱与层次，然后实事求是地画出来。再次，对于每一件服装的形状及名称要非常明确：例如上衣、连衣裙、半裙、外套、裤子、夹克、西装外套，配件也一样。最后，一张好的设计时装画对手绘的技法要求非常高，特别是后期阶段的手绘表达需要具体而真实，不能因为设计初稿的概念抽象而将实际服装类别间的设计界限模糊起来，身体各个部位与时装款式的比例需要准确地相互关照。

4. 立体剪裁实验：第四周开始的立体剪裁实验阶段，助教 Maddalena Annunziata 给予了学生极大的帮助，引导学生从袖子研究（Sleeve Study）开始，尝试不同材料与创意立裁的可能性。在这里，立裁的定义不同于深大学生以往接触的基础立裁课程，基础立裁教学往往只教授经典款式下便利的设计与制作方法，而忽视了立体裁剪过程中具有的"触发和展开新的设计构思"的功能。[2] 就像学生在刚着手剪裁的时候发现，运用基础立裁的方法已经不足以实现头脑中对服装廓形的创意设计构思，想表达一些创新造型时无从下手。Maddalena 不仅是安特卫普皇家美术学院时装设计系毕业的校友，同时是多个著名时装品牌的打板师。她根据每位同学不同的方案，给出了立裁制作的参考建议，并指导学生利用白坯布不断地进行一些构造上的创新，比如，如何模拟出上衣被空气充满后像个气球一样膨起的形态；利用裙撑骨架包裹围绕袖子塑造出夸张的肌肉形态；将帽子设计与肩部设计结合，营造出一种帽子将上衣提拉向上的视错觉。当然，这个设计是为了表现提线木偶的概念，由帽子提拉肩部向上与单纯肩部的上挑设计其实表达的是两种力的方向，想要精准表达力的趋势，只有经验丰富的设计师才能敏锐地察觉并指出修改方案；设计立裁实验还将代表女学生气质的百褶裙元素运用到肩部设计，并使

图 10.5　海外学习中心服装组作业，深大学生曹琳作品（图片来源：作者自摄）

其与代表女战士的斗篷式袖管完美结合（见图 10.5）。

经过 5 周的学习，同学们通过老师的评审并筹备布展，随后学生也得以对这次的设计教学交流项目进行总结与反思。许多同学认为，这次学习虽然安排紧凑，但是在专业知识上获益良多，尤其是深入了解了时装设计的设计方法，这也是出国交流学习的核心意义所在，汲取先进的设计与教学方法。更重要的是，在学习过程中发现了自身的不足，对时装设计专业有了更全面和清晰的认识，明确了接下来的学习方向。

　　　　　　　　第十章　欧洲设计院校两个案例看"设计方法"

考察安特卫普皇家美术学院服装设计教学得到的体会

参与深圳大学海外学习中心项目教学计划，对于设计学生来说获得什么作业成绩并不是关键意义所在。最关键的是学生身临其境来到安特卫普皇家美术学院，感受这里的艺术氛围，与导师面对面沟通、接受建议和批评的同时，得以思考自己在国内大学几年来接受时装设计教育的得与失，课程设置是否满足了学习的需求，自己选择攻读时装设计专业并且继续作为职业发展的理由，回国后将如何把在安特卫普皇家美术学院学到的自学与研究能力，运用到即将开始的毕业设计中，用以总结并呈现大学四年来的专业成长。

参与海外学习中心项目教学的学生最大感触是跳出藩篱，反而更觉得中国传统文化及民族服饰多姿多彩，有无数可以深入研究的兴趣点，可以运用现代设计语言对其进行重新解读。但是，许多时候这些兴趣点又往往最先被外国设计师发现并挖掘出来。这正是我们值得反思和受到启发的地方。丰厚的中国传统文化元素更应该被中国的时装设计师运用与弘扬，中国时装设计师的作品为何不能全面走向国际时尚舞台？除了建立在经济基础之上的文化影响力外，品牌策划与运作的水平与能力也许是重要的制约因素，特别是许多设计师还不具备成熟的设计转化与转译能力。成熟的转化与转译能力不仅仅指对国际时装流行文化的了解和设计方法的掌握，更重要的是如何提升设计视野、设计品格、审美修养与审美境界，真可谓"刻意图解和拼贴传统文化元素，无法体会其精神实质，设计的产品自然也无法承担起民族化的责任"[3]。

今天安特卫普的设计势力还在影响着国际风尚的走向。虽然这不可能都是安特卫普六君子或是马丁·马吉拉（Martin Margiela）的功劳，但他们的确向世界展示了来自安特卫普的设计力量。大学校园能够传授给设计学生的专业知识和技能技巧其实非常有限，更不用说时装行业瞬息万变的流行趋势和工艺材料，掌握仅有的基本知识还远远不足以推动学生在未来走上群峰之巅。走出校园之后，想要成为一名出色的设计师，最重要的素质之一还是独立思考能力，任何创意的想法都建立在设计师对社会、对事物有自己独到的见解基础之上。面对互联网时代信息爆炸与共享，以及大众审美趋同却亟须冲击和挑战的现实，如何摆脱对欧美设计风格与潮流的形式模仿？我们需要提倡培养学生形成一种独立的、开拓性的设计思维，并充分了解自己的特点与优势，潜移默化地影响并发展出一套独具特色的设计哲学，在这样的思维导向下，进而设计出兼具审美价值和引起大众共鸣的社会价值的创新作品。

中国服装设计教育的国际化之路是以培养出适应国际化运营的服装专业人才为宗旨，并非是指单纯地使用国外的教科书或照搬国外的教学经验，依样画葫芦地培养出二传手。深圳大学一直以来都在践行有中国特色的设计教育国际化之路，正如吴洪教授所说："不同国家、地区、学校的教学体系和模式不尽相同，我们不可能完全照搬他人模式，但我们必须通过国际化的交流，采取走出去请进来的方法，充分了解国外的服装设计教育体系，并去其糟粕，为我所用。"[4]这即是笔者两次赴安特卫普进行海外教学项目获得的真正启示。

第三节
国外两所著名设计院校设计教学方法的启示

大学设计教育是一种文化。现代设计教育言必谈包豪斯的"三大构成"教育，这是设计课程，也是认识设计的方法。我们认识的"三大构成"，早年大都从日本和我国的香港、台湾地区转道而来，用今天的眼光来看，其中夹杂着许多曲解和歧义。包豪斯本身是一所中等专门学校，36位教师，十几年就培养了600多名毕业生，但包豪斯确确实实已经成为全人类的文化财富。

伊顿当年开创构成教学，既是观念，也是方法，他的本意是要启发设计学生的想象和思维能力、平面和空间的构成能力。但所谓"三大构成"发展到今天，却被有些院校僵化为耗费时间的手工劳作。如果一件简单的立体构成作业被要求用 120 小时来完成，空间构成的想象能力被细密的手工制作所取代，则已经是和这门课程设立的初衷背道而驰了。更不能想象国内有些院校平面构成作业中，老师让同学用大量时间描绘细小的点点。更何况，包豪斯设计强调无机形的功能主义风格，在近一个世纪的发展中它的形式单一化的弊端也早已暴露出来。面对世界文明多样化的发展趋势，设计样式的多纬度文化思考，已经不是单一的包豪斯所能够"胜任"的。有什么样的社会生活就应该有什么样的设计教育。设计教育中的"三基本教育"是职业知识与技能技巧的基础训练，但要成为合格的设计师单靠这个不行。理想的设计教育倡导的是"浪漫色彩与理想情怀的学院风格"，倡导一种"归于人文的都市情怀"。设计的最高境界是设计一种生活方式。"与其说是设计产品，不如说是设计人和社会。"

通过近距离感受谢菲尔德大学建筑系和安特卫普皇家美术学院两个不同专业教学方法的实践，深感国际著名设计院校的教学方法，虽然由于专业不同确有差异，但其中蕴含的基本方法异曲而同工。同时，也深感国内设计人才培养模式，已经随着国家国民经济和教育事业的发展变迁，相关课程的内涵和外沿正发生着深刻变化。相比于另一所国际名校帕森斯设计学院，以及意大利的马兰欧尼学院、英国的中央圣马丁设计学院、巴黎的 ESMOD 等四大时尚设计学院，这些学院都是享誉世界的设计学院，他们的设计课程安排、课程内容面对市场更为敏感。帕森斯设计学院作为一所综合性的设计学院，他们为来自全世界的设计专业的学生提供各方面的专业设计课程，提供学生在专业及设计实务经验积累上的学习，给予学生多样化的设计概念，并且让学生学习到独自及团体设计上的实务经验及理念。在这里学习的同学多半都会有兼职的设计工作，帕森斯设计学院为培养优良的设计人才，营造学生跨学科的设计观念，其中艺术、音乐、戏剧、管理、设计等八个系科的课程可以交叉学习。

这些国际著名设计院校重视技术创新、艺术与设计的教育理念，使得毕业生与校友遍布欧美设计界。他们的师资多为业界顶尖设计师，除了要面对设计的技术挑战，更要求学生从人文历史理论中学习和理解设计的社会属性。由于上述种种原因，帕森斯设计学院在学术界和设计界享有盛名。因此，设计专业学生的设计课程，除了掌握必要的基本知识和基本技能技巧外，更应该强调设计文化、设计思维、设计方法在设计过程中的展开。通过设计方法注重设计过程的展开，有利于设计专业学生对设计主题和设计元素进行深入思考和深化设计。特别是到了细化设计细节的过程，也是设计专业学生积极的创意思维活动作用于设计观念、设计使用、设计技能、设计形式语言不断外化的过程。强调设计学科素养、设计文化的设计学院，学生的设计作品往往被要求显现出形式优美流畅，以及清晰的实用逻辑思考与自信的应对能力。当然，国际著名设计院校中，也有诸如美国克兰·布鲁克学院（匡溪学院）这样培养设计精英的学校，他们的设计教育理念更加先锋，专业的界限更加模糊。甚至，他们声称，我们不教技术，只讲设计哲学。从而，基于设计方法论课程教学，又衍生出许多启示。

1. 国内的艺术院校最初都是从图画手工技艺训练、把设计看成美术的一部分而开始，往往将设计看成艺术和技术有机结合产物。然而，到今天人们在更宽视野上，将智能化时代的设计看成多学科交叉融合的产物，创意设计是未来新经济的引擎，设计将许多现实的不可能变为了可能。而且，在强大的技术支撑下，大数据、智能化时代的虚拟世界和现实世界交相辉映，人们认识世界的方式因为有了设计，变得更加充满挑战，基于设计方法论的认识更加充分，未来设计的方法也越发多样而逐渐清晰。

2. 再优秀的教材也无法给予所有学校一个统一的课程模式，所谓的设计方法论也不过是给予设计学生认识设计问题、解决设计问题的一种路径和渠道。设计方法论课程教学重视设计学生个人的思考价值，兼具理论和实践意义，让每一位参加学习的学生，通过课程的理论学习、思考和实践训练，可以更加充满设计创造的冲动，毕竟设计方法论的逻辑是共通的。具体来讲，针对前后设计课程设置，环艺设计方法论课程可以不以特别具体的设计对象类型为划分课程的依据，而是以设计方法论统合理论观念为线索，串联不同的设计对象，诸如商业空间、旧城改造、展厅设计等，启发学生不囿于常规的单极思考，用更为宽阔的设计思维与设计呈现方式将人、物和环境联系起来，从而激发学生建立富有创新意义的跨专业设计研究意识，促使学生的设计课程和作业呈现出多样性和更多的可能性。

3. 教师承担的每一门课程，由于不同学校的教学目标不一样，课程内容与教学方法也不尽相同。设计方法论课程，不盲目迷信既往理论书籍、资料和文献，倡导有突破固定思维和模式的勇气，挑战固有、落后的设计教育理念，一切以真实的场地和使用者为依据，在尊重科学性的前提下，强调设计之善、设计之仁，显现出设计方案的独特性和新颖性。

4. 设计专业学生的设计课程，除了掌握必要的基本知识和基本技能技巧外，更应该强调设计文化在设计思维过程中的展开。注重设计方案的在地性文化观念的表达，对传统历史文化的研究不浮于表面、不符号化，而是考察历史文化和流行文化的综合语境，注重设计观念思考过程的展开，并促进设计专业学生对设计主题和设计元素进行深入思考和深化设计。特别是到了高年级设计课程时，可以运用学到的设计方法论，不断深耕设计细节，使得设计专业学生积极的创意思维活动作用于设计观念、设计使用、设计技能、设计形式语言不断外化的过程。促使学生既设计出显现出形式优美流畅的设计作品，又有清晰实用的逻辑思考与文化自信应对能力。

5. 设计在许多领域已超越满足市场需求而接近饱和，好的设计必须契合时代、直指人心，因此未来设计应该是由社会创新驱动的大综合。美国发明家、未来学家库兹韦尔在他的《奇点临近》一书里预测："超级人工智能大概在

2065 年前后，甚至更早就会获得人格。"通过神经扫描技术，人类的经验、情感、细节教训都能被完整地扫描上传到"云端"成为"信息生命"，摆脱肉身束缚，实现"永生"。这将意味着，依附于计算机技术的超级人工智能，会在一秒钟之内突然升华为人类自己创造的"神"，新的由人类自己造的新"神"将拥有人类一切既往的知识，又能在一瞬间发展出海量的人类无法理解的超级知识，最终人类将会被这种超级智能打败。面对未来社会，原本的计算机辅助设计衍生出的许多可能性，确实已经被智能化的软件所替代，今后的设计应该怎么做？有了强大数据库的设计软件，设计师会失业吗？面对这些问题，设计方法论课程，至少要从传统的授课形式向启发式的设计教学转化，师生成为"教学相长"的共同体，让学生的大脑和设计智慧处于紧张而又激烈的运转之中，用跨专业、跨学科、协同创新的方法学会好的设计方法、做好优秀的设计。

元宇宙正成为未来相当长一段时间内的关键词，不可否认元宇宙是大数据和智能化的产物，将虚拟技术纳入设计创新和审美的视野，从而使设计的美学趣味拓展到了另一种设计技术层面。技术作为科学的物化，体现了它具有合自然规律性的特点；同时技术作为工具理性，又是实现人的目的的有效手段，从而具有达到合社会目的性的可能，虚拟的现实和真实的现实如何相处？或许通过新的设计方法论，通过技术应用的人性化和审美化，人们将技术规律和自然规律同样纳入人的目的的轨道，使人的物质活动由客观必然性的制约迈向虚拟和现实的人的自由。

当然，面对智能化时代新的设计现实，我们仍然要避免两种倾向：一种是泛技术化倾向；一种是泛艺术化倾向。所谓的"泛技术化"，就是技术至上，技术可以解决人的一切需求，将设计实践中出现的问题全部归为技术问题，以技术理性代替设计中艺术因素，从而忽视设计中的非智力因素——美学倾向，以定单式职业技术教育培养模式取代设计学生综合素质的培养。所谓的"泛艺术化"，就是把艺术设计教育看成大美术教育，用培养美术家的

　　　　　第十章　欧洲设计院校两个案例看"设计方法"

方法培养设计师，对未来社会的发展视而不见，轻视技术性问题的学习和训练，认为造型问题是一切设计的根本，从而忽视技术教育、技能和技巧训练，而这一类的培养模式往往又是以综合素质和形左实右的面貌出现的。而我们认为，艺术与设计是一双孪生兄弟，艺术设计中包含着强烈的艺术因子，但是艺术与设计的最终目的却是各有所指，艺术的目的是人的精神家园，而设计的首要目的却是人的物质需求和功能需求，然后才是精神要求。大数据和智能化创造了许多的可能性，设计作品在首先满足实用功能的同时，人的复杂性和文化的多样性，也充满着设计审美和设计艺术创造品格与调性的成长空间。

设计的物质之中渗透着精神，或许这才是人在未来社会唯一可以驾驭的。

注释

［1］所谓"安特卫普六君子"（The Antwerp Six），实际上是指 20 世纪 80 年代初在欧洲时尚界崛起的来自比利时安特卫普皇家美术学院的六位年轻设计师的总称，分别是 Ann Demeulemeester、Walter van Beirendonck、Dirk van Saene、Dries Van Noten、Dirk Bikkembergs 和 Marina Yee。作为一所老牌的美术学院，安特卫普皇家美术学院在历史上也是名家辈出，著名建筑大师、德国魏玛时期包豪斯的创始人之一亨利·范德威尔德和著名画家凡·高也都是安特卫普皇家美术学院的校友。

［2］邱佩娜."创意立裁"的基本方法 [J]. 装饰，2012(06):110–111.

［3］李超德. 服饰民族化设计与现代时尚潮流的融合（上）[J]. 中国服饰，2011(10):14.

［4］吴洪. 中国服装设计教育的现状与未来 [J]. 装饰，2003(10):40.

第十章　欧洲设计院校两个案例看"设计方法"

后　记

这本书稿即将付梓，似乎有些话要说。

人生犹如梦幻的舞台，青春年少，对未来充满幻想，我少年时代的理想有些模糊，甚至和闺密约定要去韩国成均馆大学或梨花女子大学读新闻传媒，也曾想做一名时装设计师。我并没有能够"我的青春我做主"，而是听从家长的强烈建议，学了在当时被认为最热门、最难考的建筑设计。而且，还真考上了由普利兹克奖获得者、明星建筑师王澍担任院长的中国美术学院建筑学院，高考经历说不上坎坷，有些波折，但又似乎一切都是顺理成章的。作为许多考生梦寐以求希望成为其学生的这所建筑学府，也作为中国美院单独成立建筑学院和搬入国美象山校区的第一届建筑设计专业学生，当时我并没有感到什么惊喜和激动。坦率地讲，入校伊始我不怎么喜欢建筑设计，甚至到了大学三年级还想着能够转入设计学院的服装设计专业跟随吴海燕老师学习设计。在中国美术学院每年那令人激动的毕业典礼上，建筑学院的建筑设计专业学生，穿上了和其他同学不一样的学位服，显得尤为"突兀"。因为，我们建筑学院的五年制建筑设计专业学生被授予的是"工学"学士学位。再后来，考雅思获得较高分，准备出国材料，最后顺利接到四所著名高校建筑设计专业研究生录取通知，远涉重洋选择英国著名的红砖大学、建筑设计重镇——谢菲尔德大学建筑系攻读建筑设计硕士研究生学位。在国外留学期间让我对人与自然、人与社会、人与建筑有了更为深刻的认识，对设计方法有了进一步探索和思考，这也是我后来热衷于"设计方法"研究的缘由。

回国以后，虽然抱有做一名新时代女建筑师的期望，也曾经有在沪深两地著名建筑设计事务所从事建筑设计工作的实务经历，但随着时间的推移，我猛然间有了去从事高校设计教学工作的热望。经过投递简历、审查、专业面试、校教授委员会再面试，入职深圳大学担任教师工作后，得到了学院老一辈设计专家吴洪、邹明、蔡强等教授的关心和支持，在同事们的鼓励下全身心地投入教学与研究工作之中。

有感于国内设计界设计方法研究的现状，也有感于大学设计教育中对设计方法的忽视，在日常教授专业设计课程、带毕业设计的基础上，自告奋勇地向学院申请新开设一门由问题导向意识引领的"设计方法"课程，我将这门课定义为基础性课程完成以后，进入专业设计课程前的过渡性课程。开设这门课的直接动因，实则上是一篇我早先发表的论文《环境艺术设计方法论课程的构建及教学实践》，由此可见，关于设计方法的思考与构思早在制定"设计方法"课程大纲时便已开始，但客观地讲还远远没有上升到"论"的高度。既然准备开发一套全新的设计方法课程，就需要有第一手资料作为讲义的基础，就需要将最新的国内外设计方法理念传授给学生。原本想针对课程教学，一本教材式的指导性书籍是不可缺少的，带着这样的构思与目标，从教学大纲的制定、讲义的撰写，直到授课时的互动反馈设计，我都尽可能地全面记录下来。尤其是学生的课后作业直接反映了教学内容的有效性以及对知识的接受程度，将这些不同阶段的信息仔细记录、分析研究、整理留档，才有可能编写出一本从理论文本、设计实操到信息反馈，全面反映设计方法作为课程所具有"自反性"特征的书籍。

在书稿撰写过程中，我始终以问题导向为论述设计方法的理论逻辑起点。对于《环艺设计方法论》一书的前四章，我主要对设计方法论的理论建构进行了研究与归纳，第五章至第八章则阐述了适用于环境艺术设计的调研与表现方法，并给出了关于环艺设计方法创新变革思考，而第九章至第十章主要基于"设计方法"课程作业和欧洲院校的教学实录来分析设计方法变革的理论要义及启示。当书稿基本完成以后发现，原本寄希望于这本书稿能够成为偏重于理论与实践相结合的"设计方法"教材，而书稿完成后发现，该书稿事实上已经转化为探讨"设计方法论"的理论著述，许多早期审阅的学者和专家建议以专著的方式出版该书稿。以问题导向谈设计方法，以"论"而言设计，忽然间这本书稿又给自己增加了许多无形的学术压力，全算作对自己未来学术研究道路的鞭策和鼓励。

对于一位在综合性大学从教的青年教师来说，在施教道路上如何找到自己的兴趣专长，并钻研下去并不是一件容易的事。学术研究，尤其是人文社科类的学术研究从来都是一件缺乏短期物质激励而需要长期沉淀的工作，没有一定的知识积累很难产出坚实的果子。然而不巧的是，我的本性从小特立独行、调皮捣蛋，虽说有着做事快捷的特点，但也曾被父母评价说"没有耐心""三分钟热度""得过且过"，甚至到高中时还未明晰自己将来要学习的专业和未来发展方向。

人生的许多的改变，始于我外出求学阶段遇到的几位良师，他们不仅在学业上给予了我极大的帮助，同时也启发我对于人生价值的思考。大学五年级毕业设计阶段，我有幸遇到了影响我人生观的毕业设计导师崔富得教授，这位活出真实自我的韩国教授受聘来到中国美术学院担任建筑设计专业的毕业指导教师，在长达近一年的毕业设计环节，在亲自与我共同调研场地把关毕业设计的同时，以自己的人生态度引导我开始思考专业学习、职业选择与生活状态的平衡。崔富得是一位游走于传统与现代的建筑师，他做事非常认真，他懂得尊重每一位学生的设计思想和劳动，循循善诱启发学生。所以，也可以说是崔富得老师真正点亮了我心中的一盏建筑设计明灯。直到大学毕业后的好几年，每次与崔教授的谈话都能给我新的领悟。在英国谢菲尔德大学攻读硕士学位期间，我选择了Teresa Hoskyns博士作为我的导师，她是西方高校建筑界怀有左派理想的"后马时代"建筑设计家，有着强烈的关怀社会群体和维护空间正义的责任感，这种责任感也延续到她的教学风格中，对中国留学生展现出极大的包容与耐心，正是这样一种大爱的信念使得社会设计的人本主义思想能够真正在我们这些留学生的心中种下种子。进入博士阶段学习后，董一平老师作为我的博士生导师，以她严谨的治学态度不断激励我在学术道路上成长为一个更合格的研究者，让我尤为感激的是她从不吝啬为我的博士论文研究提供一切帮助，包括论坛参与、人脉资源和行政事务等，她在学术研究方面为我树立了榜样，同时也让我感受到了满满的关爱。当然我的另外两位博导Soumyen Bandyopadhyay教授和Teresa Hoskyns博士也一如既往地倾尽所有指导我继续钻研博士课题，他们传授着知识，同时也传播着现代建筑设计理念。没有求学道路上遇到的多位良师，我就无法从懵懂的状态中清醒过来，一步步地寻找到自己的兴趣点并在专业发展道路上不断耕耘，有了良师的指引我才得以抓住机会，努力在学术领域中找到自己的位置。

在本书成稿的过程中，我要感谢学校有关部门和学部领导的鼓励与支持，特别要感谢深圳大学艺术学部副主任王方良教授、美术与设计学院副院长贺沁洋老师以及环艺系许慧老师对本书成稿所给予的无条件支持和鼓励。王方良教授一直以来都全力支持着青年教师在学术科研方向不断发展，我曾多次向方良教授请教学术论文的写作发表和基金项目的申请经验等相关问题，他总是极其耐心地解答我的疑问，分享自己的科研经验，鼓励我不断尝试，给予我继续做好学术研究和尝试著书立说的信心。贺沁洋老师在本科教学方面一直不断尝试着各种设计教学改革，努力搭建学校与企业和社会的桥梁，竭力推进各专业学科点建设，同时也注重将学院青年教师自身专业发展与课程改革紧密结合，鼓励进行新的尝试。尤其要感谢的是前环艺系主任许慧老师，她在我申请新增"设计方法"课程的前期与教务老师协商沟通，在开课后就教学效果以及对环艺课程改革的促进作用给予了充分的肯定及反馈。最重要的是，许慧老师长期以来不仅是我的直接领导，更像一位关心我成长的前辈，让我在入职深大后的七年时间里，逐渐明确了自己设计教学思路、学术研究特长与今后努力发展的方向。

感谢我的学友寇宗捷，他提供了大量本人作品范例，同样毕业于英国谢菲尔德大学建筑系，我们的建筑学习经历以及后来的设计理念有许多共同之处。自2017年第一次在深圳联合举办工作坊开始，我们便成了持续合作、互相交流专业、见证各自发展的好搭档。感谢环艺系学生徐可俐、张颖欣、谢莹莹、张圆圆以及更多的同学所提供的图片资料和作业成果作为本书坚实的教学实例。

　　　　　　　　　　　　　　　　　　　　　　　　后　记

感谢我的研究生许杨，帮忙整理收集了文献资料和案例。他们的慷慨分享都为本书由理论研究到设计实操的可行性充实了内容依据。

最后，当然最要感谢的是我的父母，他们同在大学从事专业教学工作，有着很高的学术视野和人生境界，身教重于言教，在我的事业、学业和生活方面都给予了不计回报的付出，让我从小得以在宽松、自由的环境下成长，心存美好，向阳而生。

人生路漫漫，学术长相伴。做任何事物无法绝对的完美，书稿虽然完成了，也可以说是自己学术生涯的阶段性成果，但一定存在着许多瑕疵，敬请设计界同道能够不吝批评指正。

李逸斐

2022年7月17日晚于深圳南山